中等职业教育**机电技术应用**专业**课程改革成果**系列教材

机电设备装调技术训练（偏机）

赵焰平　主编　马平　谈洁　副主编

清华大学出版社
北　京

内 容 简 介

本书以全国职业院校技能大赛指定的亚龙 YL—235A 型光机电设备为平台，以工作任务为引领，遵循学生的认知规律，精心设计教学项目，重点介绍了机电设备安装的基础知识，以及常用零件装配、气路连接、电路连接、程序输入、常用机电设备联调等机电技术应用技能。全书分为两篇共 12 个项目，主要内容包括：送料机构的组装与调试，机械手搬运机构的组装与调试，物料传送机构的组装与调试，送料机构、搬运机构和物料传送机构的组装与调试，分拣机构的组装与调试，搬运机构、物料传送机构和分拣机构的组装与调试，YL—235 型光机电设备的组装与调试，以及机电设备装调考级训练。

本书可作为中等专业学校机电技术应用专业的教学用书，也可作为从业人员的职业培训用书。

图书在版编目（CIP）数据

机电设备装调技术训练. 偏机/赵焰平主编. --北京：清华大学出版社，2013
中等职业教育机电技术应用专业课程改革成果系列教材
ISBN 978-7-302-33138-4

Ⅰ. ①机… Ⅱ. ①赵… Ⅲ. ①机电设备－设备安装－中等专业学校－教材 ②机电设备－调试方法－中等专业学校－教材 Ⅳ. ①TH17

中国版本图书馆 CIP 数据核字(2013)第 150488 号

责任编辑：帅志清
封面设计：傅瑞学
责任校对：刘 静
责任印制：王静怡

出版发行：清华大学出版社
网 址：http://www.tup.com.cn，http://www.wqbook.com
地 址：北京清华大学学研大厦 A 座 邮 编：100084
社 总 机：010-62770175 邮 购：010-62786544
投稿与读者服务：010-62776969，c-service@tup.tsinghua.edu.cn
质量反馈：010-62772015，zhiliang@tup.tsinghua.edu.cn
印 装 者：三河市李旗庄少明印装厂
经 销：全国新华书店
开 本：185mm×260mm 印 张：10.75 字 数：244 千字
版 次：2013 年 12 月第 1 版 印 次：2013 年 12 月第1次印刷
印 数：1～2000
定 价：23.00 元

产品编号：052928-01

编审委员会

序

PREFACE

职业教育是通过课程这座桥梁来实现其教育目的和人才培养目标的，任何一种教育教学的改革最终必定会落实到具体的课程上。课程改革与建设是中等职业教育专业改革与建设的核心，而教材承载着职业教育的办学思想和内涵、课程的实施目标和内容。高质量的教材是中等职业教育培养高质量的人才的基础。

随着科技的不断进步和新技术、新材料、新工艺的不断涌现，我国的机械制造、汽车制造、电子信息、建材等行业的快速发展为机电技术应用提供了广阔的市场。同时，机电行业的快速发展对从业人员的要求也越来越高。现代企业既需要从事机电技术应用开发设计的高端人才，也需要大量从事机电设备加工、装配、检测、调试和维护保养的高技能机电技术人才。企业不惜重金聘请有经验的高技能机电技术人才已成为当今职业院校机电技术专业毕业生高质量就业的热点。经济社会的发展对高技能机电技术人才的需求定会长盛不衰。

《中等职业教育机电技术应用专业课程改革成果系列教材》是由江苏、浙江两省多年从事职业教育的骨干教师合作开发和编写的。本套教材如同职业教育改革浪潮中迸发出来的一朵绚丽浪花，体现了“以就业为导向、以能力为本位”的现代职教思想，践行了“工学结合、校企合作”的技能型人才培养模式，为实现“在做中学、在评价中学”的先进教学方法提供了有效的操作平台，展现了专业基础理论课程综合化、技术类课程理实一体化、技能训练类课程项目化的课程改革经验与成果。本套教材的问世，充分反映了近几年来职教师资职业能力的提升和师资队伍建设工作的丰硕成果。

职业教育战线上的广大专业教师是职业教育改革的主力军，我们期待着有更多学有所长、实践经验丰富、有思想、善研究的一线专业教师积极投身到专业建设、课程改革的大潮中来，为切实提高职业教育教学质量，办人民满意的职业教育，编写出更多、更好的实用专业教材，为职业教育更美好的明天作出贡献。

张　萍

前言

FOREWORD

随着信息技术、自动控制技术等不断升级，我国的装备制造业不断向高端、自主、创新方向发展，智能化的机电产品如机器人、数控机床的应用将越来越广泛，智能制造装备也将成为我国“十二五”期间由制造业大国向强国转变的切入点和突破口。经济的发展和产业结构的调整，使得具备机电一体化设备的安装调试、自动化设备的操作与改装等高技能的人才大量短缺，中等职业学校相关专业开设此类课程的越来越多。本书依据中职生的认知与心理特点，采用项目开展教学，贯彻“做中学、学中做”的职教理念，采用图文并茂的表现形式展示各个知识点与小任务，以提高教材的可读性和可操作性，追求理论与实践的有机统一，通过完善教学评价，培养学生良好的职业能力与职业素养。

本书以机电技术应用专业人才培养方案及课程标准为依据，结合机电设备装调维修工的职业资格要求，以亚龙科技集团研发的 YL—235A 型光机电一体化实训装置为载体，设置了送料机构的组装与调试，机械手搬运机构的组装与调试，物料传送机构的组装与调试，送料机构、搬运机构和物料传送机构的组装与调试，分拣机构的组装与调试，搬运机构、物料传送机构和分拣机构的组装与调试，YL—235A 型光机电设备的组装与调试等训练项目。围绕设备安装与调试、电路与气路连接等，整合机电一体化设备组装与调试涉及的专业知识和技能，整合职业岗位的工作过程知识，让读者在完成工作任务的过程中，学会机电一体化设备的组装与调试。

本书可作为中等专业学校机电技术应用专业的教学用书，也可作为从业人员的职业培训用书。

本书由江苏省靖江中等专业学校赵焰平担任主编，马平、谈洁担任副主编，江苏省靖江中等专业学校徐刚老师担任主审。参加编写的还有江苏省昆山第一中等专业学校查维康、江苏省泰兴中等专业学校李晓男、江苏省宝应中等专业学校李立军。本书的编写得到了亚龙科技集团的有力支持与配合，在此致以最诚挚的感谢！同时，在本书的编写过程中，还得到了江苏省靖江中等专业学校领导的大力支持与帮助，在此一并表示感谢！

由于作者水平有限，疏漏与不足在所难免，希望读者批评指正。

编　者

第一篇

机电设备装调技术训练

项目一

送料机构的组装与调试

项目介绍

在大批量生产中，为了缩短送料时间，减轻体力消耗，通常采用各种自动送料装置，使送料过程机械化。自动送料装置接到送料指令后，送料机构自动松开已加工的工件，将其推走，然后将待加工的工件带到加工位置，进行定位和夹紧。采用机器人或自动运输小车给数控机床下料，构成柔性制造单元，是当今自动化发展的趋势之一。

YL—235A 送料机构如图 1-1 所示。它在自动生产线中向其他单元提供原料，主要由转盘、调节支架、直流电机、物料、出料口传感器、物料检测支架等组成。

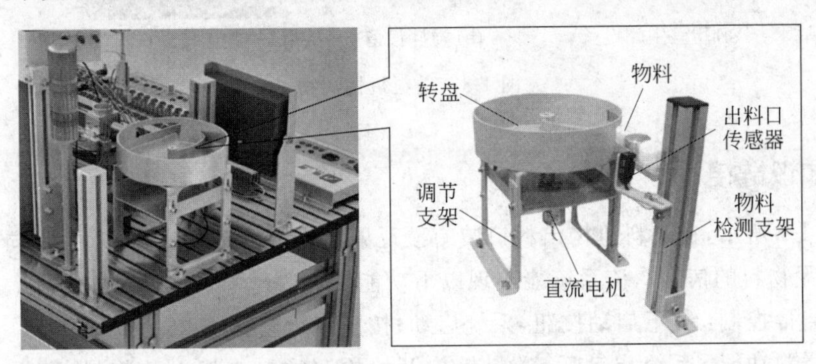

图 1-1　YL—235A 送料机构

1. 送料机构的功能

送料机构按照需要将放置在转盘中的物料自动地推到物料支架上，以便搬运单元的机械手将其抓取，输送到其他单元上。如图 1-2 所示为送料机构工作实物图。

2. 送料机构的动作过程

将物料放入转盘，其内部的送料杆经直流减速电动机驱动旋转，将物料从转盘的出料口移至物料支架。当出料口传感器检测到物料时，电动机停止转动。如果送料杆电动机

图 1-2 送料机构工作实物图

运行 4s 后仍检测不到物料，则送料机构停止工作并报警，警示红灯闪烁，说明转盘中没有物料。

3. 送料机构的实际应用

送料机构可应用于粉丝生产设备、搅拌设备及机加工自动送料设备，如图 1-3 所示。

(a) 粉丝生产设备

(b) 搅拌设备

(c) 机加工自动送料设备

图 1-3 送料机构实物

知识链接

如图 1-1 所示，在送料机构出料口装有漫反射型光电传感器（光电开关），向系统提供出料口有无物料的信号。该系统能实现以下功能。

（1）启停控制：按下启动按钮，系统启动；按下停止按钮，机构停止工作。

（2）送料功能：系统启动后，送料机构开始检测物料支架上的物料，警示灯绿灯闪烁，作为正常工作指示。若无物料，PLC 便启动送料电动机工作，驱动送料杆旋转，物料在送料杆的推挤下，从放料转盘中移至出料口。当物料检测传感器检测到物料时，电动机停止运转。

（3）物料报警功能：若送料电动机运行 4s 后，物料检测传感器仍未检测到物料，说明料盘内已无物料，此时机构停止工作，蜂鸣器发出报警声音，警示灯红灯闪烁。

送料机构的 PLC 控制硬件接线原理如图 1-4 所示，输入/输出设备及 I/O 点分配如表 1-1 所示。

送料机构的 PLC 控制程序梯形图如图 1-5 所示。

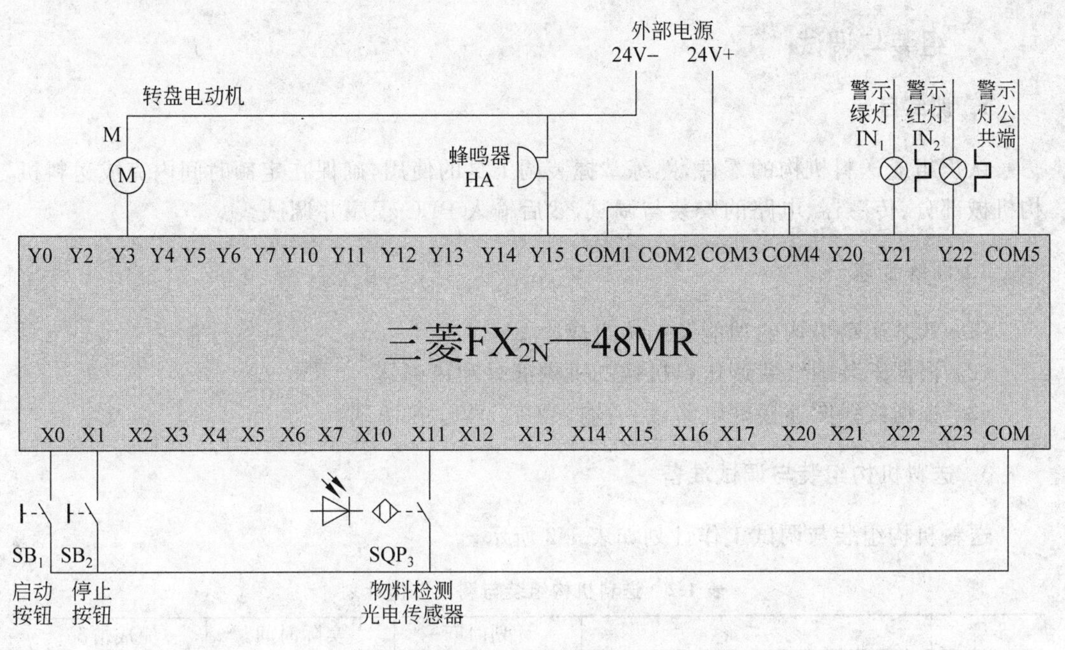

图 1-4　送料机构的 PLC 控制硬件接线原理图

表 1-1　输入/输出设备及 I/O 点分配

输　入			输　出		
元件代号	功　能	输入点	元件代号	功　能	输出点
SB_1	启动按钮	X0	M	转盘电动机	Y3
SB_2	停止按钮	X1	HA	蜂鸣器	Y15
SQP_3	物料检测光电传感器	X11	IN_1	警示绿灯	Y21
			IN_2	警示红灯	Y22

```
 0   X000  X001                        ( M1   )
     M1
 4   M1    T0                          ( Y021 )
           X011                        ( Y003 )
 9   Y003  X001  X011                  ( M2   )
     M2                                ( T0  K40 )
19   T0                                ( Y022 )
                                       ( Y015 )
22                                     [ END  ]
```

图 1-5　送料机构的 PLC 控制程序梯形图

组装与调试

1. 训练目标

认识组成送料机构的零件，熟练掌握装调工具的使用，确保在定额时间内完成送料机构机械部分、传感器、电路的安装与调试，然后输入 PLC 程序并调试。

2. 训练要求

（1）熟悉送料机构的功能及结构组成。
（2）根据安装图纸装调送料机构的机械部分和传感器。
（3）根据接线图连接好电路，然后输入 PLC 程序并调试。

3. 送料机构组装与调试准备

送料机构组装与调试工作计划如表 1-2 所示。

表 1-2 送料机构组装与调试工作计划

步骤	内容	计划时间	实际时间	完成情况
1	阅读设备技术文件			
2	机械部分装配、调试			
3	传感器装配、调试			
4	电路连接、检查			
5	PLC 程序输入			
6	按质量要点检查整个设备			
7	设备联机调试			
8	如必要，排除故障			
9	清理现场，整理技术文件			
10	设备验收评估			

送料机构的零件清单如表 1-3 所示。

表 1-3 送料机构的零件清单

序号	名称	型号规格	单位	数量	实物图片
1	放料转盘		个	1	
2	转盘支架		个	2	
3	送料杆		个	1	

续表

序号	名　称	型号规格	单位	数量	实物图片
4	直流减速电动机	24V	只	1	
5	光电传感器	E3Z—LS31	只	1	
6	物料检测支架		套	1	
7	按钮模块	YL157	块	1	
8	PLC 模块	YL050、FX_{2N}—48MR	块	1	
9	不锈钢内六角螺钉	M6×12mm M4×12mm M3×12mm	只	若干	
10	螺母、垫圈	M6	只	若干	
11	警示灯及支架	红、绿两色，闪烁	套	1	

送料机构的装调工具清单如表 1-4 所示。

表 1-4　送料机构的装调工具清单

序号	名　称	型号规格	单位	数量
1	斜口钳	6 寸	把	1
2	尖嘴钳	6 寸	把	1
3	剥线钳	140mm	把	1
4	内六角扳手	PM—C9	套	1
5	螺钉旋具	“一”字，“十”字	把	1,1
6	万用表	MF47	只	1

送料机构装配示意图如图 1-6 所示。

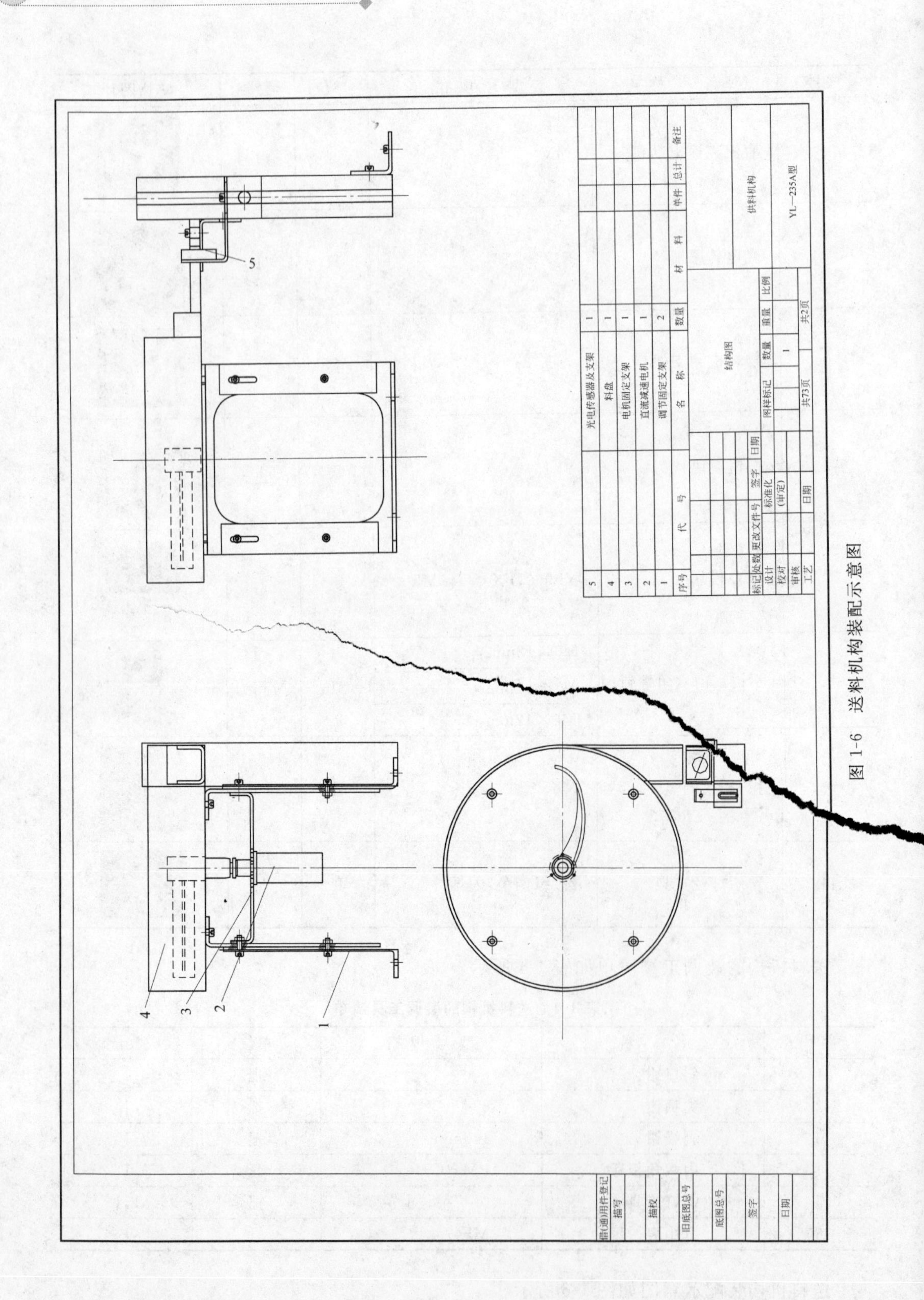

图 1-6 送料机构装配示意图

4. 送料机构组装与调试

通过识读送料机构结构图，制订合理的设备装配顺序，完成送料机构的组装与调试。表1-5为参考步骤。

表1-5　送料机构组装与调试参考步骤

步骤	图例说明	作业内容及要求	备注
1	 穿过圆孔	将减速电机穿过放料转盘的圆孔，并将电机上的螺孔和放料转盘的圆孔对齐 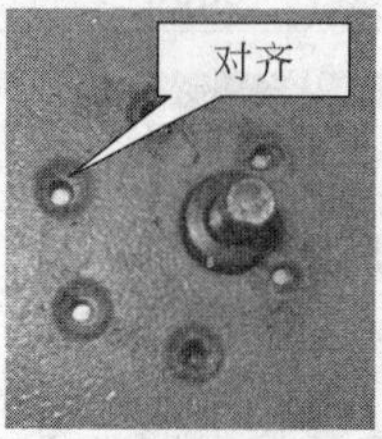 对齐	
2	 螺钉旋具拧紧	用螺钉将减速电机固定在放料转盘上。注意拧紧顺序，螺钉要拧平整 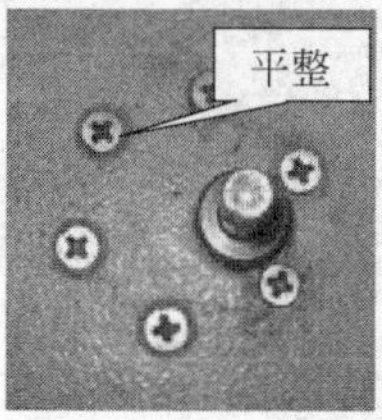 平整	
3	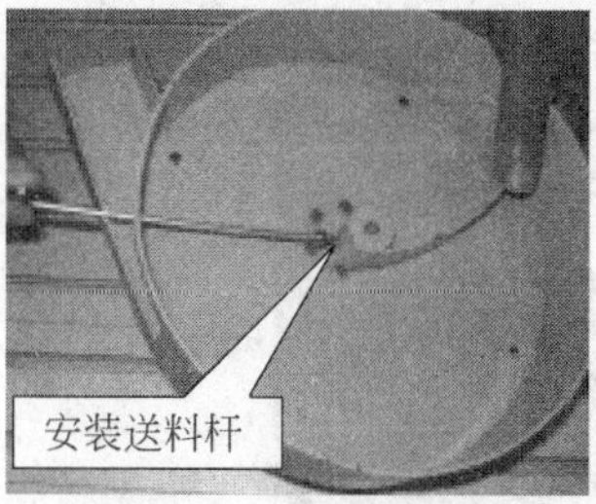 安装送料杆	将送料杆装上电机主轴，注意将送料杆的锁紧螺钉孔和电机轴轴端的平面对齐 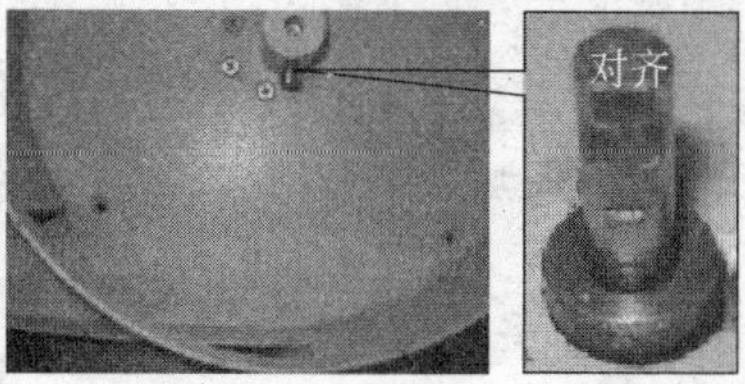 对齐	
4	 安装支架	将支架上的连接孔和放料转盘的连接孔对齐，用螺钉拧紧。安装时，弯脚应在外侧  弯脚应在外侧	

续表

步骤	图例说明	作业内容及要求	备注
5	 放入螺母拧紧	将放料转盘固定在定位处。定位锁紧时，连接螺钉要加垫片 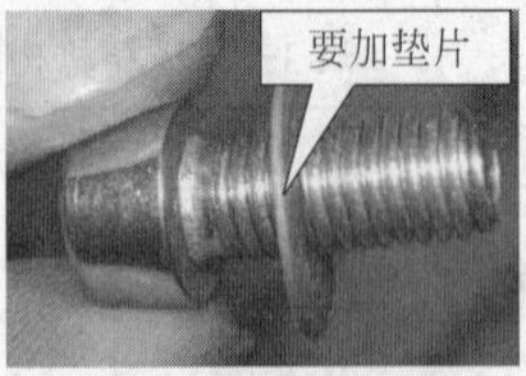 要加垫片	
6	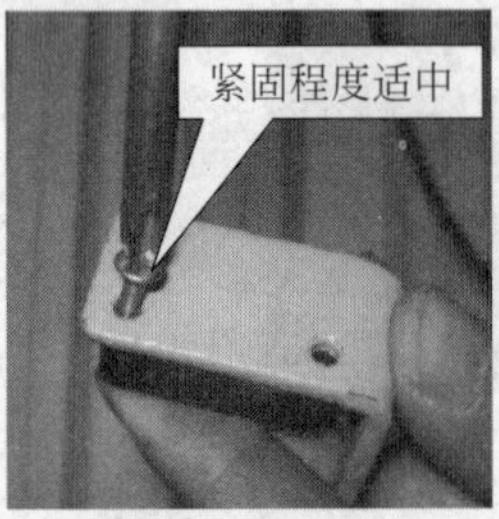 紧固程度适中	将传感器固定在传感器支架上。固定时，用力均匀，紧固程度适中 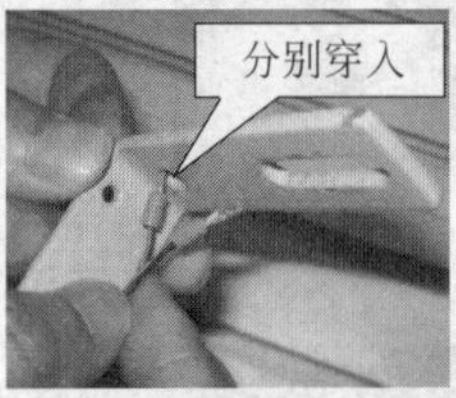 分别穿入	
7	 对齐装入	将传感器支架固定在物料支架上。安装时，先将螺钉和螺母拧上后装入支架 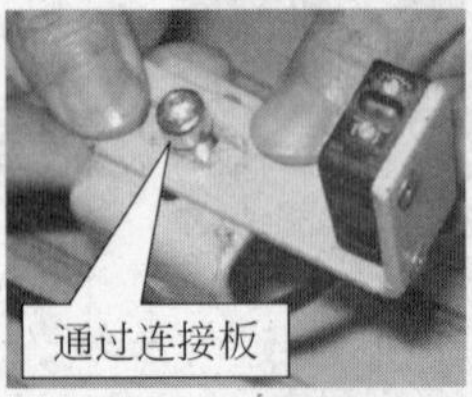 通过连接板	
8	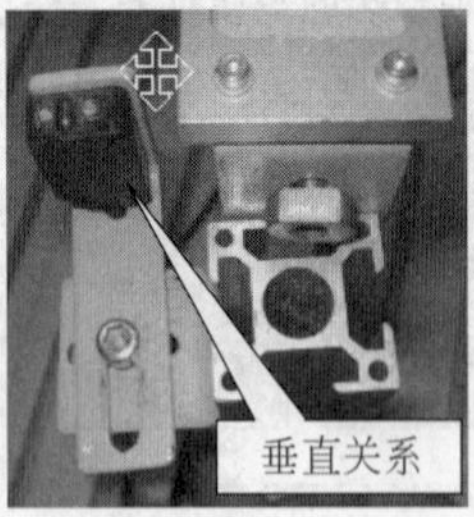 垂直关系	将物料托板安装到物料检测支架上。安装时，注意和物料检测传感器的位置关系  前后调节	
9	 垂直关系	将物料检测支架固定在放料转盘出口处。安装时，连接板的槽和工作台槽要垂直 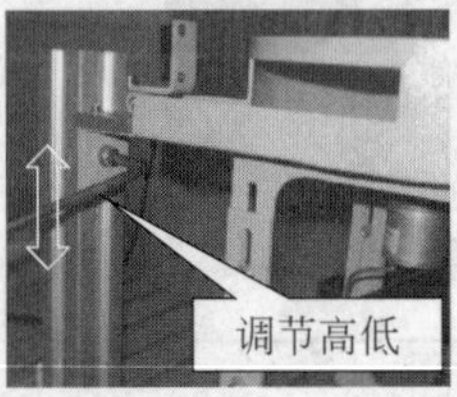 调节高低	

续表

步骤	图例说明	作业内容及要求	备　注
10	 安装可靠	将警示灯固定在工作台上	
11	 规范接线	按照接线图连接好电路,并输入 PLC 程序  安装正确	
12	 输入程序	PLC 静态调试,用编程线缆连接计算机的串口和 PLC 的编程接口。静态调试时,调整传感器位置,直到能点亮 PLC 的输入指示 LED 灯  RUN/STOP 关系设置	
13	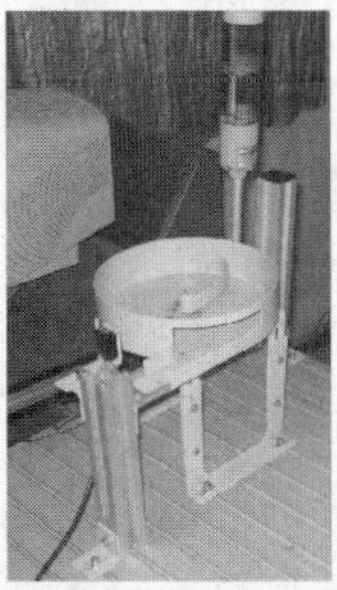	设备联调,仔细观察执行机构的运动,并分析判断故障形成的原因	

5. 运行记录及故障分析

调试过程中仔细观察执行机构的运动,并分析判断故障形成的原因,然后填写调试运行记录表(见表 1-6)和评分表(见表 1-7)。

表 1-6 调试运行记录表

步骤	操作过程	设备实现的功能	不能实现原因分析
1	按下启动按钮		
2	4s 后出料口无料		
3	给出料口加物料		
4	取走出料口的物料		
5	出料口有物料		
6	按下停止按钮		

表 1-7 评分表

训练项目	训练内容	训练要求	配分	评价	
				学生自评	教师评分
送料机构组装与调试	设备安装	部件安装可靠，位置准确；部件衔接到位，不松动	40		
	电路安装	安装正确，接线规范；布线整齐，导线入槽	20		
	设备功能	能正确实现送料功能；警示灯动作及报警正常	30		
	安全文明生产	生产规范，现场整洁	10		
合计			100		

项目二

机械手搬运机构的组装与调试

项目介绍

机械手是在自动化生产过程中使用的一种具有抓取和移动工件功能的自动化装置，它是在机械化、自动化生产过程中发展起来的一种新型装置。近年来，随着电子技术，特别是电子计算机的广泛应用，机器人的研制和生产更加促进了机械手的发展，使得机械手能更好地实现与机械化和自动化的有机结合。机械手能代替人类完成危险、重复、枯燥的工作，减轻人类劳动强度，提高劳动生产力。机械手越来越广泛地得到应用。在机械行业中，它可用于零部件组装，加工工件的搬运、装卸，特别是在自动化数控机床、组合机床上使用更为普遍。目前，机械手已发展成为柔性制造系统 FMS 和柔性制造单元 FMC 中一个重要的组成部分；机床设备和机械手共同构成一个柔性加工系统或柔性制造单元，它适用于中、小批量生产，可以节省庞大的工件输送装置，结构紧凑，而且适应性很强；当工件变更时，柔性生产系统很容易改变，有利于企业不断更新适销对路的品种，提高产品质量，更好地适应市场竞争的需要。

YL—235A 机械手搬运机构如图 2-1 所示。机械手在自动生产线中能准确地将送料机构出料口的物料搬运至指定地方，完成物料的搬运工作。机械手搬运机构主要由气动手爪部件、提升气缸部件、手臂伸缩气缸部件、旋转气缸部件及安装支架等组成。

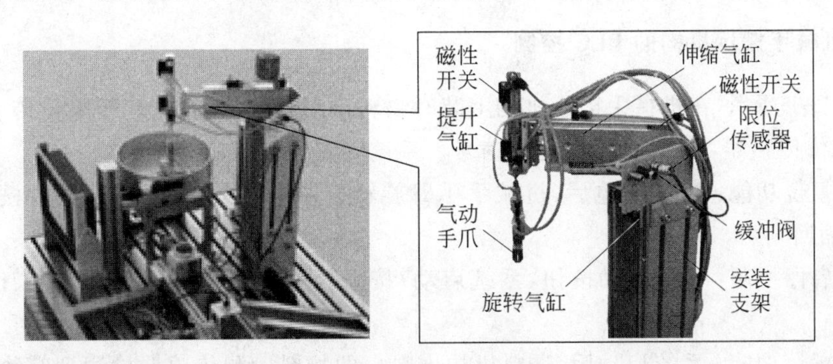

图 2-1 YL—235A 机械手搬运机构

1. 机械手搬运机构的功能

机械手搬运机构是一种在程序控制下模仿人手进行自动抓取和搬运物料的装置。整个搬运机构能完成四个自由度动作，即手臂伸缩、手臂升降、手臂旋转和手爪松紧。图 2-2 为机械手搬运机构工作实物图。

图 2-2　机械手搬运机构工作实物图

2. 机械手搬运机构的动作过程

工作时，机械手搬运机构在左极限位将手臂伸出，到位后手爪在提升气缸带动下下降；到位后手爪抓取物料并夹紧，提升臂上升；到位后机械手臂缩回，在旋转气缸带动下向右旋转至极限位后，手臂伸出；手爪下降到位后，手爪放松，释放物料；到位后提升臂缩回，手爪上升；到位后机械手臂缩回；到位后机械手臂向左旋转至极限位置后，开始新的工作循环。

3. 机械手搬运机构的实际应用

如图 2-3 所示，机械手搬运机构应用于玻璃搬运、物料堆垛及自动生产线等。

(a) 玻璃搬运设备

(b) 物料堆垛设备

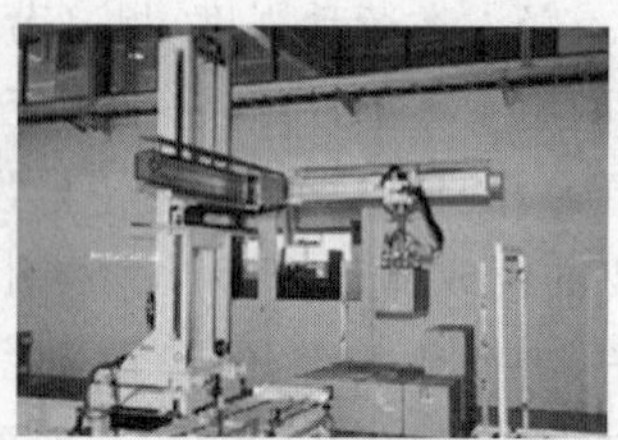

(c) 自动生产线

图 2-3　机械手搬运机构的实际应用

知识链接

1. 机械手搬运机构的 PLC 控制

如图 2-1 所示，在机械手搬运机构上装有物料检测光电传感器、旋转限位传感器及气缸伸缩到位传感器，向 PLC 系统提供信号。系统能实现以下功能。

（1）复位功能：PLC 上电后，机械手手臂旋转至左侧限位处，手爪处于放松状态，手臂上伸、缩回到位。

（2）启停控制：按下启动按钮，系统启动；按下停止按钮，机构完成当前工作循环后停止工作。

（3）搬运功能：系统启动后，送料机构出料口的物料检测传感器检测到有物料时，机械手搬运机构在左极限位手臂伸出，到位后手爪在提升气缸带动下下降；到位后手爪抓取物料并夹紧1s，提升臂上升；到位后机械手臂缩回，在旋转气缸带动下向右旋转至极限位后停留2s，手臂伸出；手爪下降到位后停留0.5s，手爪放松，释放物料，然后提升臂缩回手爪并上升；到位后机械手臂缩回；到位后机械手臂向左旋转至极限位置后，开始新的工作循环。

机械手搬运机构的PLC控制硬件接线原理如图2-4所示，输入/输出设备及I/O点分配如表2-1所示。

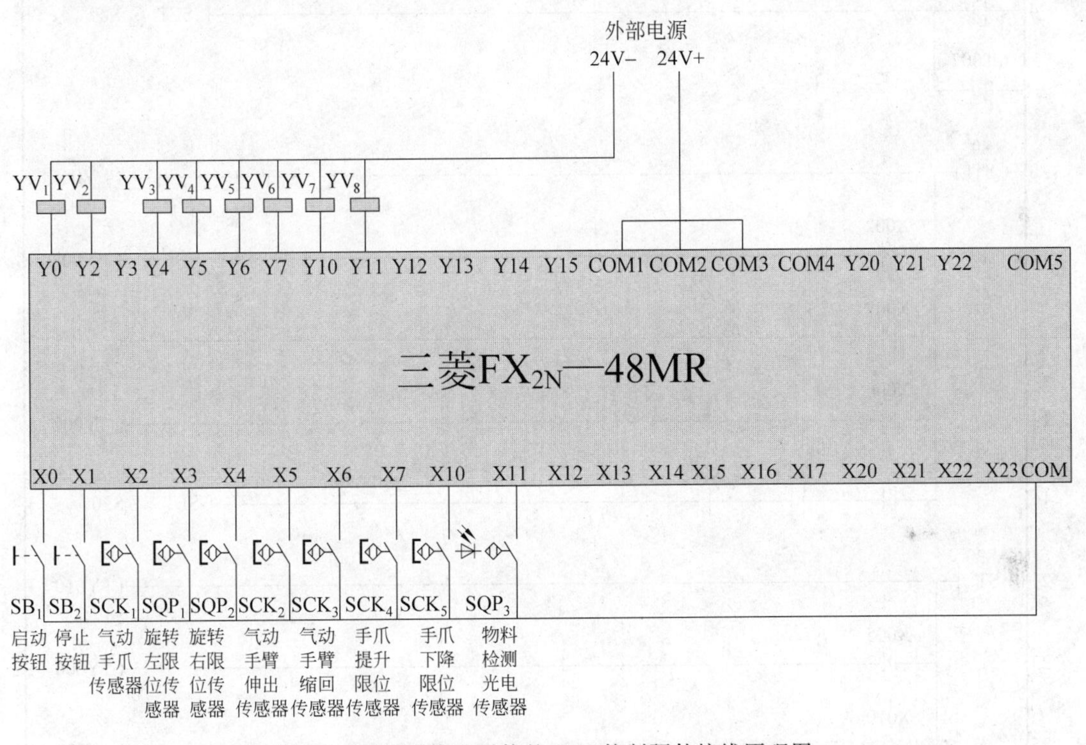

图2-4　机械手搬运机构的PLC控制硬件接线原理图

表2-1　输入/输出设备及I/O点分配

输　入			输　出		
元件代号	功　能	输入点	元件代号	功　能	输出点
SB_1	启动按钮	X0	YV_1	手臂右旋	Y0
SB_2	停止按钮	X1	YV_2	手臂左旋	Y2
SCK_1	气动手爪传感器	X2	YV_3	手爪抓紧	Y4
SQP_1	旋转左限位传感器	X3	YV_4	手爪松开	Y5
SQP_2	旋转右限位传感器	X4	YV_5	提升气缸下降	Y6
SCK_2	气动手臂伸出传感器	X5	YV_6	提升气缸上升	Y7
SCK_3	气动手臂缩回传感器	X6	YV_7	伸缩气缸伸出	Y10
SCK_4	手爪提升限位传感器	X7	YV_8	伸缩气缸缩回	Y11
SCK_5	手爪下降限位传感器	X10			
SQP_3	物料检测光电传感器	X11			

机械手搬运机构的 PLC 控制程序梯形图如图 2-5 所示。

```
 0   X000  X001                      ( M1 )
     M1
 4   M1                              [ SET  S0 ]
     M8002
 8   S0 STL                          ( Y005 )
10   X002                            ( Y007 )
12   X007                            ( Y011 )
14   X006                            ( Y002 )
16   M1  X011  X003                  [ SET  S20 ]
21   S20 STL                         ( Y010 )
23   X005                            ( Y006 )
25   X010                            ( Y004 )
27   X002                            ( T1  K10 )
31   T1                              [ SET  S21 ]
34   S21 STL                         ( Y007 )
36   X007                            ( Y011 )
38   X006                            ( Y000 )
40   X004                            ( T2  K20 )
44   T2                              [ SET  S22 ]
```

图 2-5　机械手搬运机构的 PLC 控制程序梯形图

```
      S22
47 ─┤STL├──────────────────────────────( Y010 )
        X005
49  ─┤├──────────────────────────────( Y006 )
        X010
51  ─┤├─────────────────────────( T3    K5 )
        T3
55  ─┤├──────────────────────────────( Y005 )
        X002
57  ─┤├─────────────────────────[ SET   S23 ]
      S23
60 ─┤STL├──────────────────────────────( Y007 )
        X007
62  ─┤├──────────────────────────────( Y011 )
        X006
64  ─┤├──────────────────────────────( Y002 )
        X003
66  ─┤├─────────────────────────[ SET   S0 ]
69  ─────────────────────────────────[ RET ]
70  ─────────────────────────────────[ END ]
```

图　2-5(续)

2. 机械手搬运机构的气动控制

气动(pneumatic)是“气压传动与控制”或“气动技术”的简称,是利用压缩空气作为传递动力或信号的工作介质,以气动元件与机械、液压、电气、电子(包含PLC控制器和微电脑)等部分或全部综合构成的控制回路,使气动元件按生产工艺的需要,自动按设定的顺序或条件动作的一种自动化技术。用气动控制技术实现生产过程自动化,是工业自动化的一种重要技术手段,也是一种低成本的自动化技术。

一个完整的气动系统的基本结构分为以下几部分:

- 能源部件,把机械能转换成空气的压力能的装置,包括气源系统、气源处理装置等;
- 控制元件,对气压系统中的压力、流量和流动方向进行控制和调节的元件;
- 执行元件,把空气的压力能转换成机械能的装置,一般指气缸和气动马达;
- 辅助装置,指除以上3种装置以外的其他装置,如各种管接头、气管、过滤器、压力表。

这几部分起连接、储存、过滤和测量等辅助作用,对保证气压系统可靠、稳定、持久地工作具有重大作用。

YL—235A型光机电一体化实训装置中的机械手搬运机构,用于将在物料支架平台上的物料搬运到皮带输送机上,其气动回路主要由旋转气缸、气动手爪、提升气缸、伸缩气缸和相应的控制阀构成。机械手的气动回路如图2-6所示。

1) 气动三联件

油雾器、空气过滤器和调压阀组合在一起构成的气源调节装置,通常被称为气动三联件,如图2-7所示。气动三联件是气动系统中常用的气源处理装置。联合使用时,其顺序应

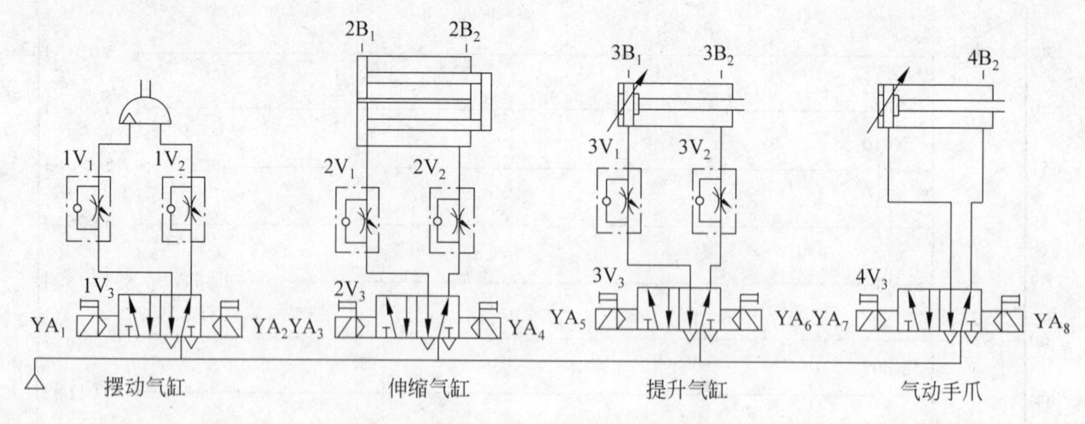

图 2-6 机械手气动回路

为空气过滤器—调压阀—油雾器，不能颠倒。在采用无油润滑的回路中，不需要油雾器。

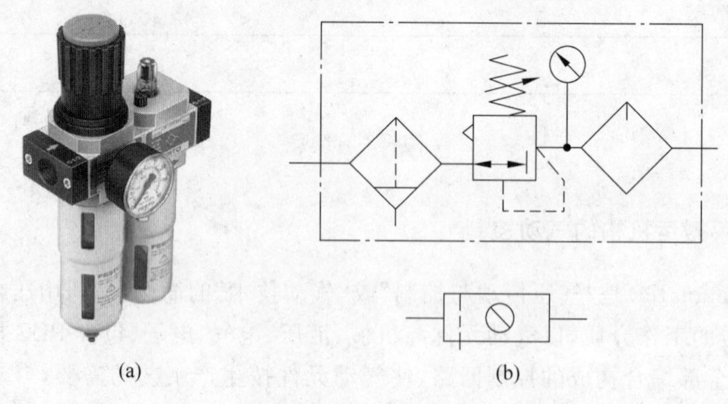

图 2-7 气动三联件

2）单向节流阀

在很多气动设备中，执行元件的运动速度都应是可调节的。气缸工作时，影响其活塞运动速度的因素有工作压力、缸径和气缸所连气路的最小截面积。通过选择小通径的控制阀或安装节流阀，可以降低气缸活塞的运动速度。通过增加管路的流通截面或使用大通径的控制阀以及采用快速排气阀等方法，可以在一定程度上提高气缸的活塞的运动速度。其中，使用单向节流阀调速是通过调节进入气缸或气缸排出的空气流量来实现速度控制的。这也是气动回路中最常用的速度调节方式。

单向节流阀是气压传动系统最常用的速度控制元件，也常称为速度控制阀，如图 2-8 所示。单向节流阀是由单向阀和节流阀并联而成的，节流阀只在一个方向上起流量控制的作用，相反方向的气流可以通过单向阀自由流通。利用单向节流阀可以实现对执行元件每个方向上的运动速度的单独调节。

根据单向节流阀在气动回路中连接方式的不同，将速度控制方式分为进气节流速度控制方式和排气节流速度控制方式。进气节流指的是压缩空气经节流阀调节后进入气缸，推动活塞缓慢运动；气缸排出的气体不经过节流阀，通过单向阀自由排出。排气节流

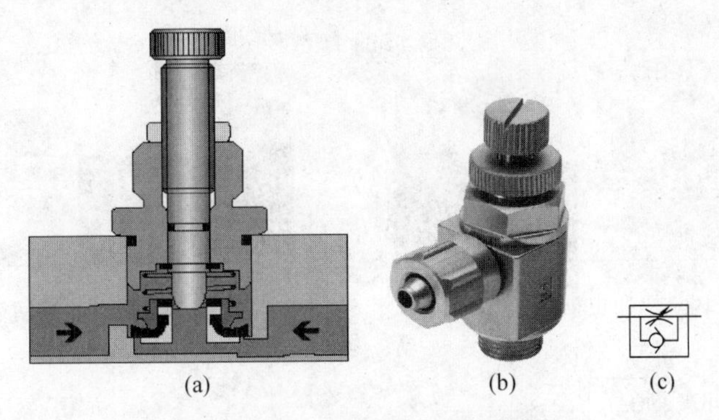

图 2-8　单向节流阀(速度控制阀)

指的是压缩空气经单向阀直接进入气缸,推动活塞运动;气缸排出的气体则必须通过节流阀受到节流后才能排出,从而使气缸活塞运动速度得到控制。采用排气节流时,气缸排气腔由于排气受阻形成背压。排气腔形成的这种背压,减少了负载波动对速度的影响,提高了运动的稳定性,使排气节流成为最常用的调速方式。

3) 气缸电磁阀使用

如图 2-9 所示,气缸的正确运动使物料分到相应的位置。只要交换进、出气的方向,就能改变气缸的伸出(缩回)运动,气缸两侧的磁性传感器可以识别气缸是否已经运动到位。

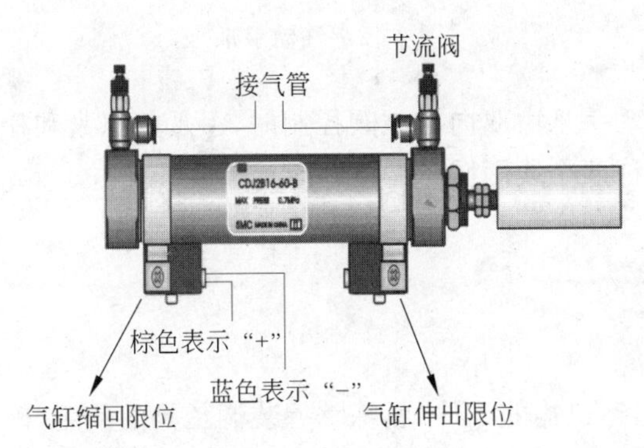

图 2-9　气缸电磁阀

4) 双向电磁阀

如图 2-10 所示,双向电磁阀用来控制气缸进气和出气,从而实现气缸的伸出、缩回运动。电磁阀内装的红色指示灯有正、负极性,极性接反了也能正常工作,但指示灯不会亮。

5) 单向电磁阀

如图 2-11 所示,单向电磁阀用来控制气缸单个方向的运动,实现气缸的伸出、缩回运动。与双向电磁阀的区别在于双向电磁阀的初始位置是任意的,可以随意控制两个位置;而单向电磁阀的初始位置是固定的,只能控制一个方向。

6) 气动手爪

如图 2-12 所示,当气动手爪由单向电磁阀控制时,电磁阀得电,手爪夹紧;电磁阀断

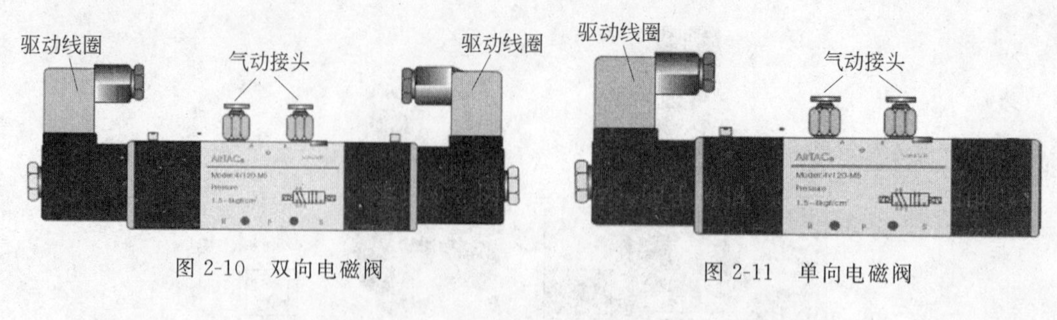

图 2-10　双向电磁阀　　　　图 2-11　单向电磁阀

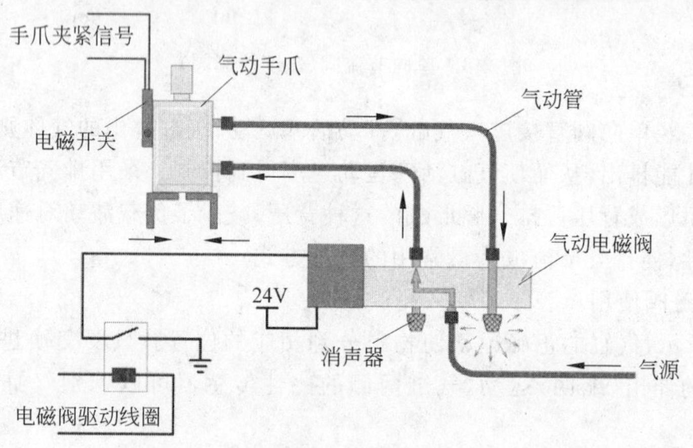

图 2-12　气动手爪

电时，手爪张开。当气动手爪由双向电磁阀控制时，手爪的抓紧和松开分别由一个线圈控制，在控制过程中不允许两个线圈同时得电。

组装与调试

1. 训练目标

认识组成机械手搬运机构的零件，熟练掌握装调工具的使用，确保在定额时间内完成机械手搬运机构机械部分、传感器、电路的安装与调试，气路安装与调试，PLC 程序的输入并调试。

2. 训练要求

(1) 熟悉机械手搬运机构的功能及结构组成。
(2) 根据安装图纸装调机械手搬运机构的机械部分和传感器。
(3) 根据气路图连接气路。
(4) 根据接线图连接电路，并完成 PLC 程序输入与调试。

3. 机械手搬运机构组装与调试准备

机械手搬运机构组装与调试工作计划如表 2-2 所示。

表 2-2 机械手搬运机构组装与调试工作计划

步骤	内容	计划时间	实际时间	完成情况
1	阅读设备技术文件			
2	机械部分装配、调试			
3	传感器装配、调试			
4	电路连接、检查			
5	气路连接、检查			
6	PLC 程序输入			
7	按质量要点检查整个设备			
8	设备联机调试			
9	如必要，排除故障			
10	清理现场，整理技术文件			
11	设备验收与评估			

机械手搬运机构的零件清单如表 2-3 所示。

表 2-3 机械手搬运机构的零件清单

序号	名称	型号规格	单位	数量	实物图片
1	伸缩气缸套件	CXSM15—100	套	1	
2	提升气缸套件	CDJ2KB16—75—B	套	1	
3	手爪套件	MHZ2—10D1E	套	1	
4	旋转气缸套件	CDRB2BW20—180S	套	1	
5	固定支架	—	套	1	
6	缓冲器	—	只	2	
7	光电式传感器	NSN4—2M60—E0—AM	只	2	

续表

序号	名　　称	型号规格	单位	数量	实物图片
8	光电传感器	E3Z—LS61	只	1	
9	磁性传感器	D—59B(手爪紧松)	只	1	
		SIWKOD—Z73(手臂伸缩)		2	
		D—C73(手爪升降)		2	
10	按钮模块	YL157	块	1	
11	电源模块	YL046	块	1	
12	PLC模块	YL050、FX_{2N}—48MR	块	1	
13	不锈钢内六角螺钉	M6×12mm	只	若干	
		M4×12mm			
		M3×12mm			
14	螺母、垫圈	M6、M4、$\phi 4$	只	若干	

机械手搬运机构的装调工具清单如表2-4所示。

表2-4　机械手搬运机构的装调工具清单

序号	名　　称	型号规格	单位	数量
1	斜口钳	6寸	把	1
2	尖嘴钳	6寸	把	1
3	剥线钳	140mm	把	1
4	内六角扳手	PM—C9	套	1
5	螺钉旋具	“一”字,“十”字	把	1,1
6	钟表螺钉旋具	YY006—C1	套	1
7	万用表	MF47	只	1

机械手搬运机构装配示意图如图2-13所示。

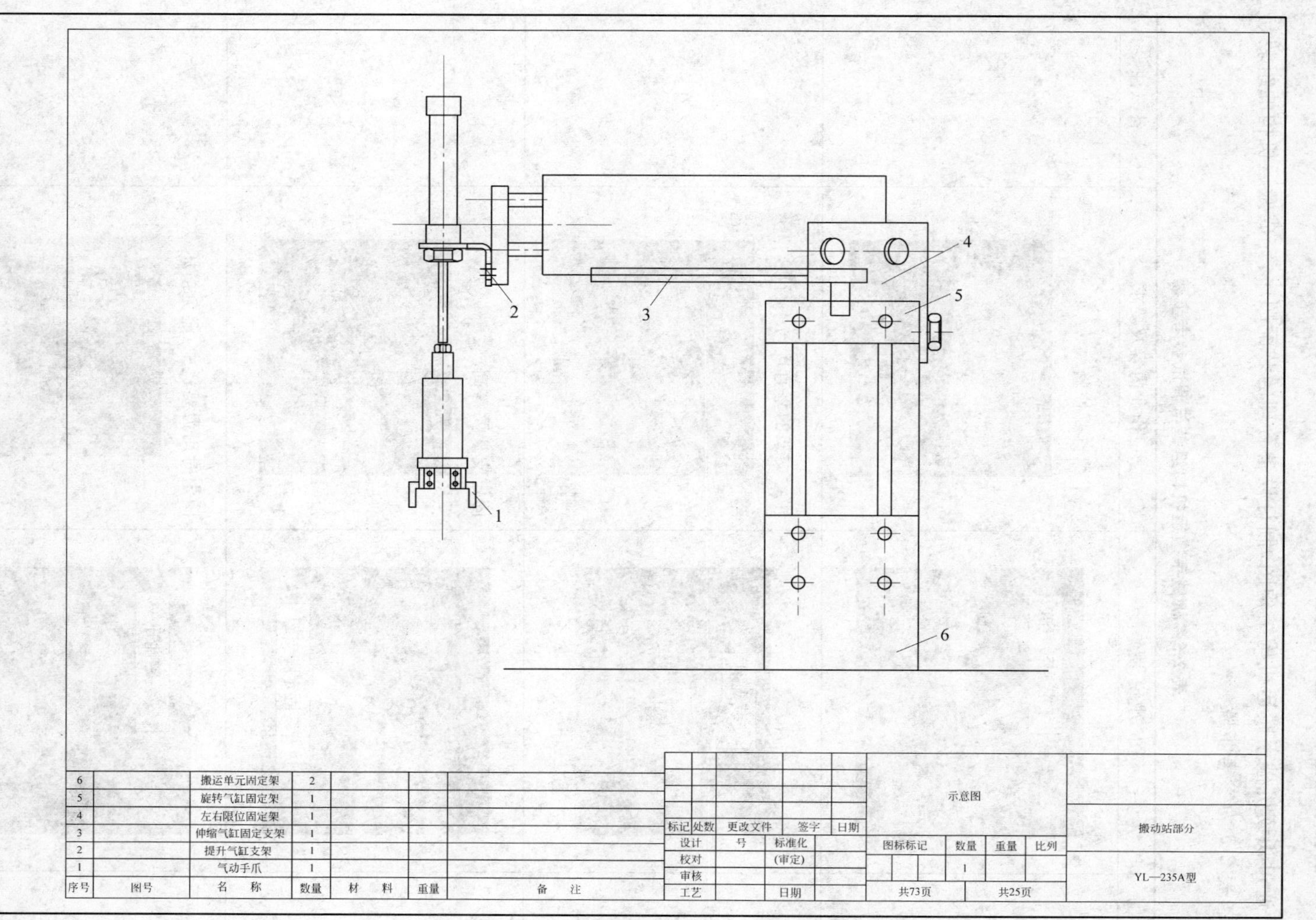

图 1-13　机械手搬运机构装配示意图

4. 机械手搬运机构组装与调试

通过识读机械手搬运机构结构图，制订设备合理的装配顺序，完成搬运机构的组装与调试，表2-5为参考步骤。

表2-5 机械手搬运机构组装与调试参考步骤

步骤	图例说明	作业内容及要求	备注
1	 安装旋转气缸	三个螺钉要拧紧 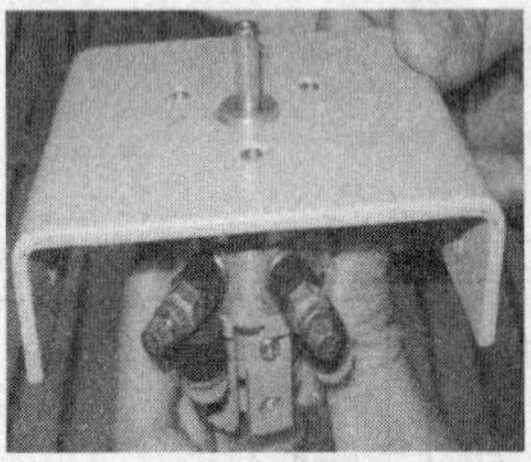	
2	 安装支架	注意支架的垂直度与平行度 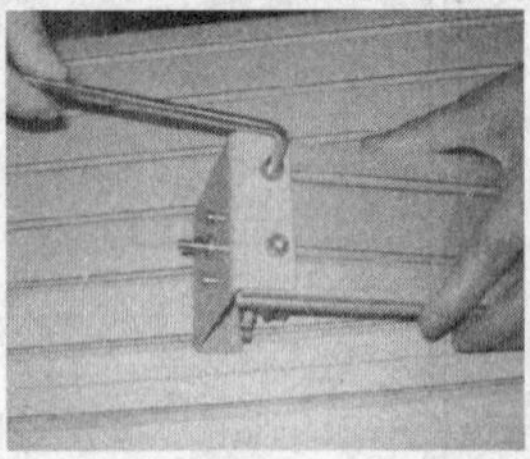	
3	 安装固定脚支架	固定支架要等高 	
4	 安装磁性开关	固定时用力要适中，避免损坏 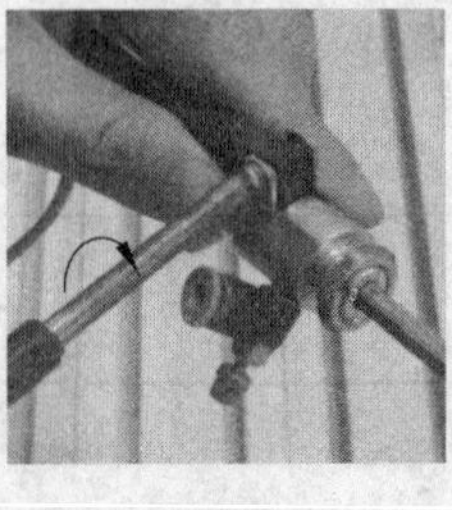	

续表

步骤	图例说明	作业内容及要求	备注
5	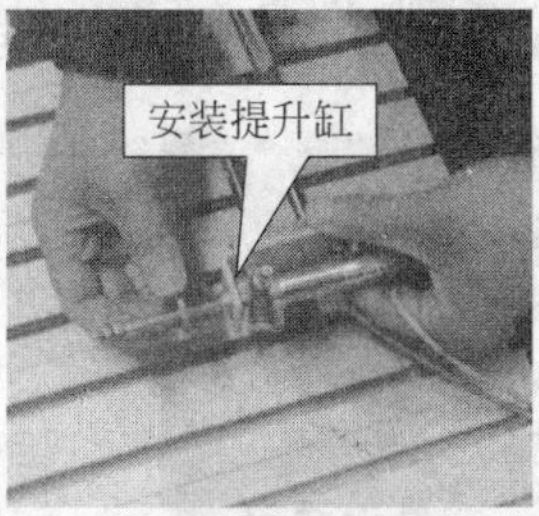	先在伸缩缸上装好支架，然后安装提升缸 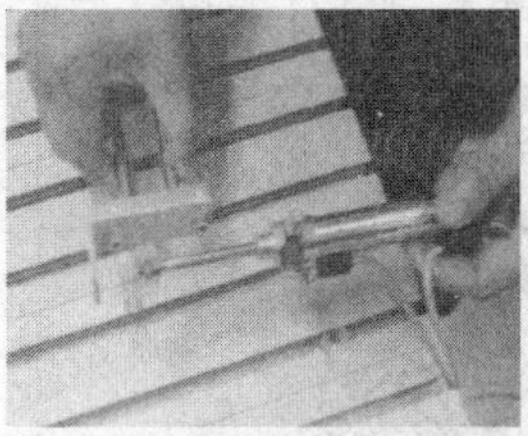	
6	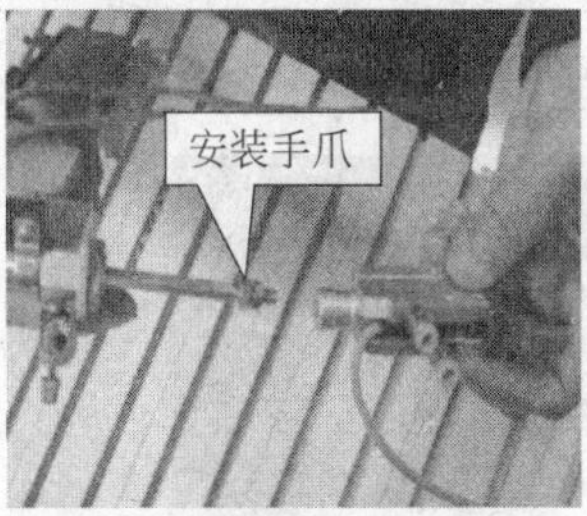	先安装传感器，后安装手爪，要锁紧螺母 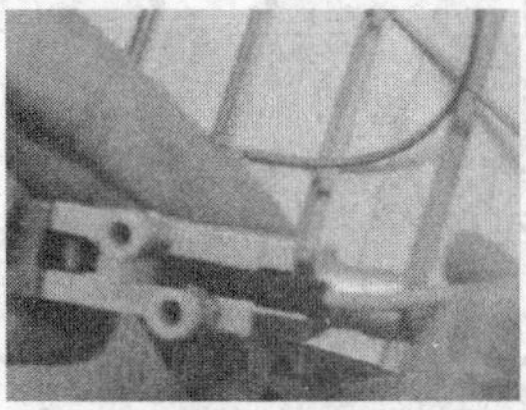	
7		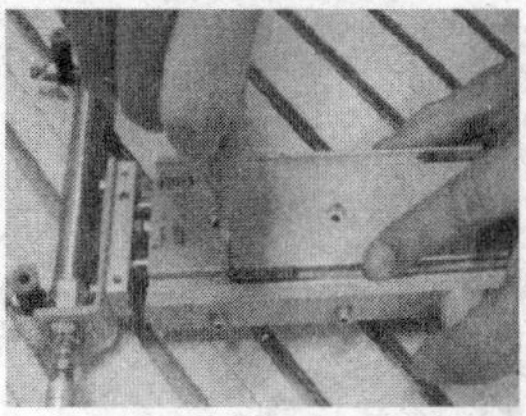	
8		安装时要注意锁紧螺钉与旋转气缸轴的位置 	
9	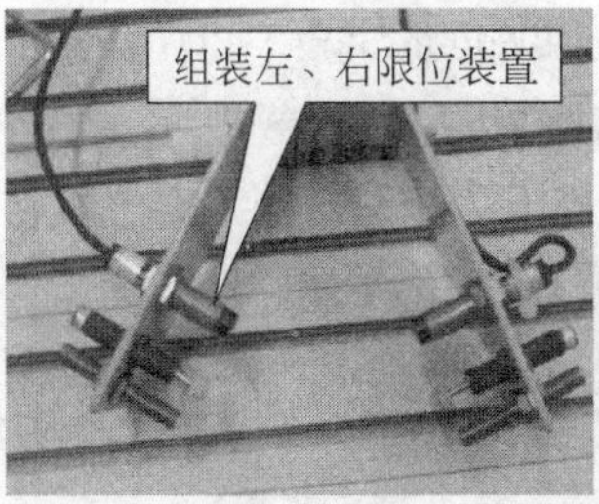	先安装限位传感器、缓冲器及定位螺钉 	

续表

步骤	图 例 说 明	作业内容及要求	备　注
10		安装左、右限位装置时，可将主支架置于工作台边缘安装 	
11	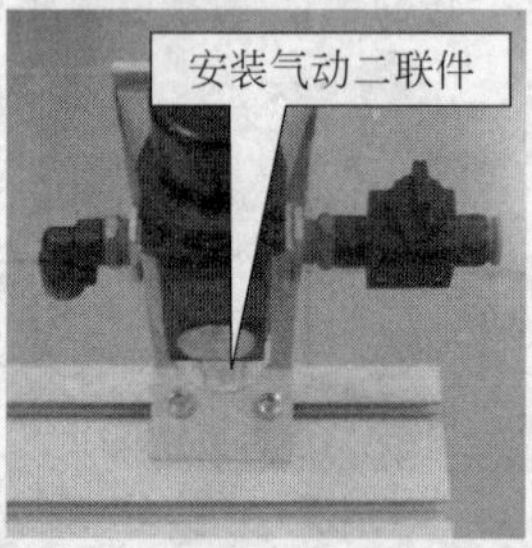	用气管连接空气压缩机与气动二联件 	
12	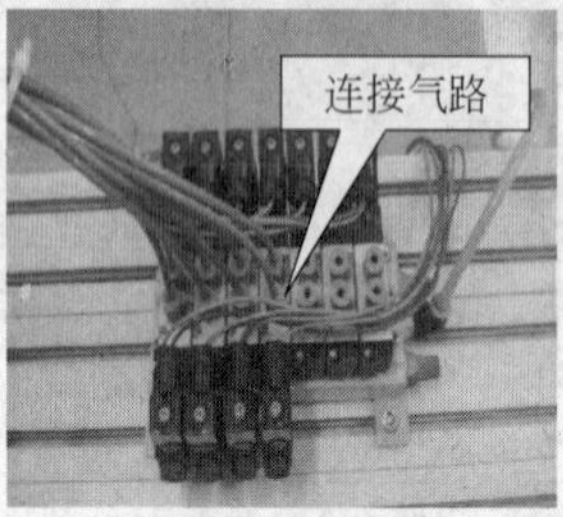	气管插入接头要轻压到接头底部，拔出时要压下接头上的压紧圈 	
13		整理、固定管路，要美观、紧凑 	
14	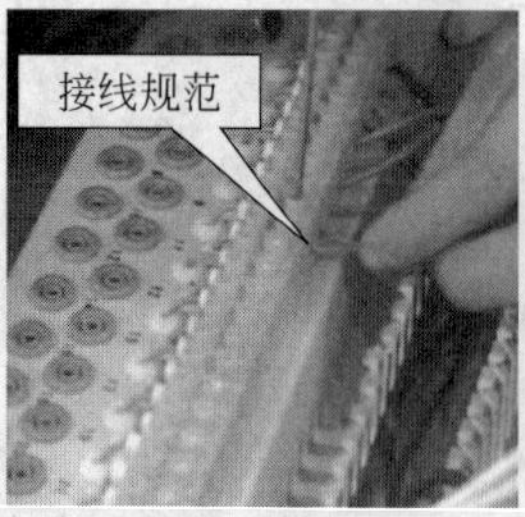	按照接线图连接好电路，并输入 PLC 程序 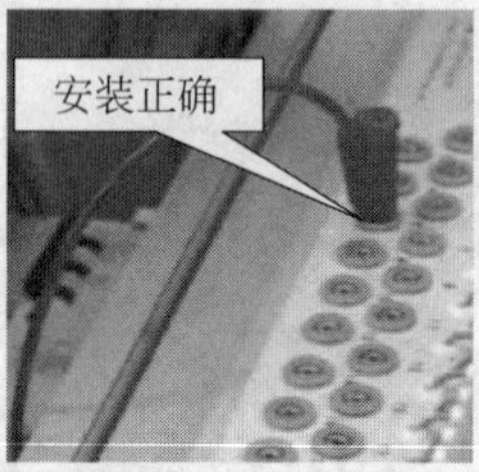	

续表

步骤	图例说明	作业内容及要求	备注
15	输入程序	PLC 静态调试，用编程线缆连接计算机的串口和 PLC 的编程接口 RUN/STOP开关	

5. 运行记录及故障分析

调试过程中，仔细观察执行机构的运动，并分析判断故障形成的原因，然后填写调试运行记录表（见表 2-6）和评分表（见表 2-7）。

表 2-6　调试运行记录表

步骤	操作过程	设备实现的功能	不能实现原因分析
1	PLC 上电（无物料）		
2	按下启动按钮 SB_1，给出料口加料		
3	1s 后		
4	右旋到位 2s 后		
5	下降到位 0.5s 后		
6	按下停止按钮 SB_2		

表 2-7　评分表

训练项目	训练内容	训练要求	配分	评价	
				学生自评	教师评分
机械手搬运机构组装与调试	设备安装	部件安装可靠，位置准确；部件衔接到位，不松动	40		
	电路安装	安装正确，接线规范；布线整齐，导线入槽	20		
	设备功能	能正确实现搬运功能；警示灯动作及报警正常	30		
	安全文明生产	生产规范，现场整洁	10		
合计			100		

项目三

物料传送机构的组装与调试

项目介绍

现代物料搬运机械开始于19世纪。19世纪30年代前后,出现了蒸汽机驱动的起重机械和输送机;19世纪末期,由于内燃机的应用,物料搬运机械迅速发展。1917年,出现了既能起升又能搬运的叉车;20世纪70年代出现的计算机控制物料搬运机械系统,使物料搬运进入高度自动化作业阶段。

物料搬运机械主要是在企业(包括码头、料场、矿山和商业货仓等)内部进行物料装卸、运输、升降、堆垛和储存的机械设备,一般包括起重机械、输送机、装卸机械、搬运车辆和仓储设备等。物料搬运机械可将上道工序的半成品直接、自动地转送到下道工序,将上、下许多道工序联成一个系统,形成有节奏的生产;还可以在搬运过程中同时对物料进行清洗、烘干、涂漆、分拣、储存、检验和计量等,从而减少装卸次数、缩短生产周期和节约设备投资。

YL—235A物料传送机构如图3-1所示,对落料口落下的物料进行输送,主要由落料口、直线皮带传动线、三相异步电动机等组成。

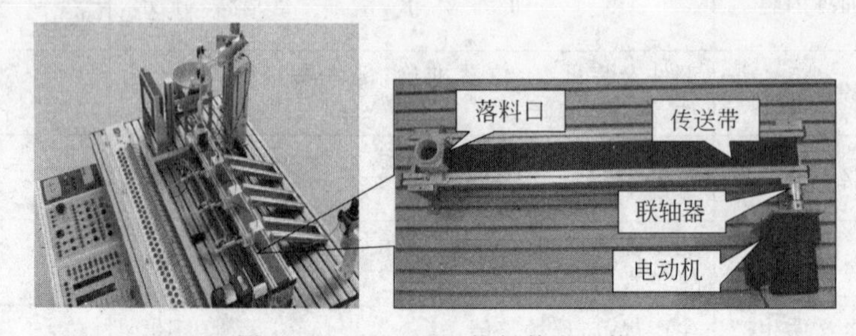

图3-1　YL—235A物料传送机构

1. 物料传送机构的功能

物料传送机构是对入料口落下的物料进行输送的装置。在许多生产和作业流程中,物料搬运机械已经不是单独作业的机械,而是整个流程中不可分割的一环。图3-2为物料传送机构工作实物图。

图 3-2　物料传送机构工作实物图

2. 物料传送机构的动作过程

当物料传送机构的落料口传感器检测到物料时，三相异步电动机在变频器的驱动下向右侧输送物料；当物料传送机构的右侧传感器检测到物料时，传送机构停止运转。

3. 物料传送机构的实际应用

如图 3-3 所示，物料传送机构可应用于物料搬运设备、物料提升设备及自动生产线等。

(a) 物料搬运设备

(b) 物料提升设备

(c) 自动生产线

图 3-3　物料传送机构的实际应用

知识链接

1. 物料传送机构的 PLC 控制

如图 3-1 所示，在物料传送机构上装有物料检测光电传感器向 PLC 系统提供信号。该系统能实现以下功能。

① 启停控制，按下启动按钮，物料传送机构开始工作，按下停止按钮，机构完成当前工作循环后停止。

② 传送功能，当物料传送机构落料口传感器检测到物料时，三相异步电动机在变频器的驱动下，以 30Hz 的频率正转运行，向右侧输送物料，当物料传送机构的右侧传感器检测到物料时，传送机构停止运转。

物料传送机构的PLC控制硬件接线原理图如图3-4所示。输入/输出设备及I/O点分配如表3-1所示。

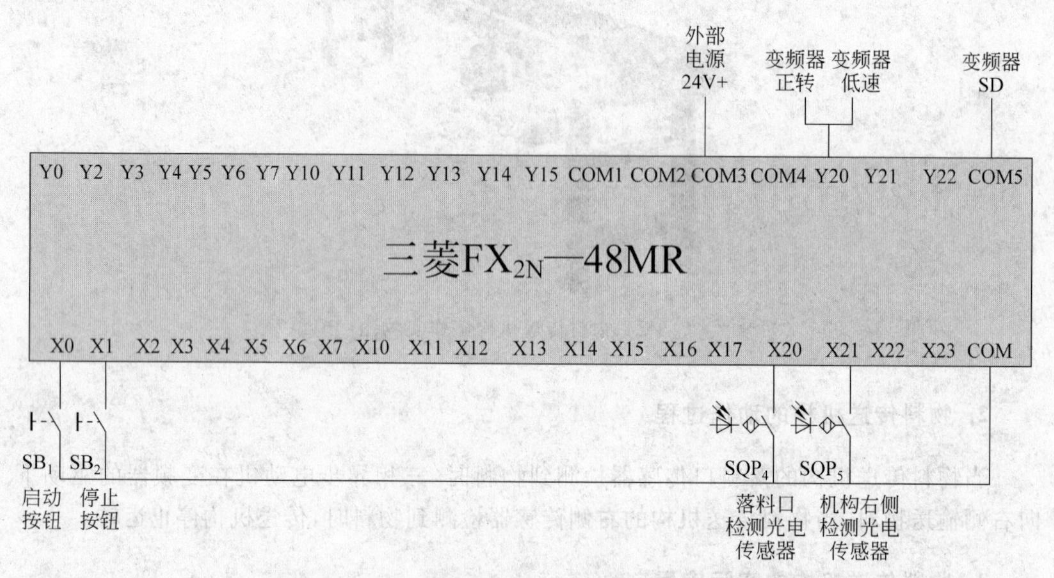

图3-4 物料传送机构的PLC控制硬件接线原理图

表3-1 输入/输出设备及I/O点分配

输入			输出		
元件代号	功能	输入点	元件代号	功能	输出点
SB_1	启动按钮	X0	STF(RL)	变频器低速及正转	Y20
SB_2	停止按钮	X1	—	—	—
SQP_4	落料口检测光电传感器	X20	—	—	—
SQP_5	机构右侧检测光电传感器	X21	—	—	—

物料传送机构的PLC控制程序梯形图如图3-5所示。

图3-5 物料传送机构的PLC控制程序梯形图

2. 变频器的设置与使用

1) FR—FR—E540变频器简介

FR—FR—E540变频器是日本三菱公司为了适应现代工厂自动化进程而开发的一

种新型多用途变频器。它除保持了以往三菱变频器功能强大、操作便捷等优点之外，还可以应用于现代工业的各种控制网络中，以便发挥更大的远程控制功能，实现智能化工厂(Smart Factory)的目标。

2）参数说明

FR—FR—E540 变频器各参数说明如表 3-2 所示。

表 3-2　FR—FR—E540 变频器各参数说明表

功能	参数号	名　称	设定范围	最小设定单位	出厂设定
基本功能	0	转矩提升	0～30%	0.1%	6%/4%
	1	上限频率	0～120Hz	0.01Hz	120Hz
	2	下限频率	0～120Hz	0.01Hz	0Hz
	3	基波频率	0～400Hz	0.01Hz	50Hz
	4	三速设定(高速)	0～400Hz	0.01Hz	50Hz
	5	三速设定(中速)	0～400Hz	0.01Hz	30Hz
	6	三速设定(低速)	0～400Hz	0.01Hz	10Hz
	7	加速时间	0～3600s/0～360s	0.1s/0.01s	5s/10s
	8	减速时间	0～3600s/0～360s	0.1s/0.01s	5s/10s
	9	电子过电流保护	0～500A	0.01A	额定输出电流
	79	操作模式选择	0～4,0～8	1	0

注：其他功能参数参见 FR—FR—E540 变频器操作手册。

3）操作面板

(1) 操作面板用于 FR—FR—E540 变频器运行频率设定、运行指令监视、参数设定及错误显示等。面板图如图 3-6 所示，各按键的说明如表 3-3 所示，各单位及运行状态的说明如表 3-4 所示。

(a) 盖板关闭状态

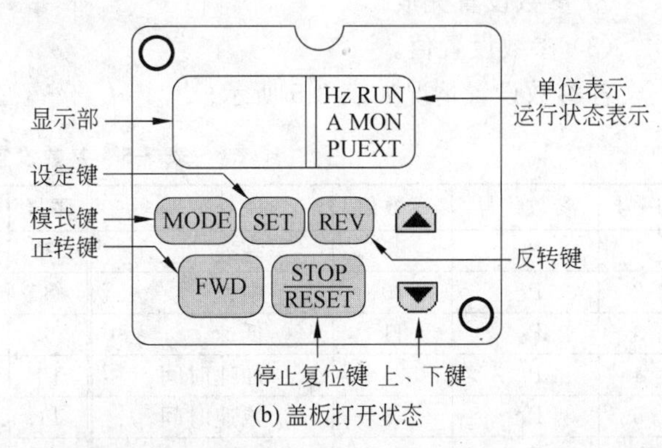

(b) 盖板打开状态

图 3-6　操作面板图

(2) 参数设置方法如下。

① 连续按压MODE键，直至进入参数写入状态，此时 LED 显示“Pr. 0”。

② 按压▲键，把参数调至 Pr. 340，开始调整 Pr. 340 参数。

表 3-3 按键说明

按　键	说　明
RUN 键	正转运行指令键
MODE 键	用于选择操作模式或设定模式
SET 键	用于频率和参数的设定
上/下键	用于连续增加或降低运行频率 在设定模式中按下此键，可以连续设定参数
FWD 键	用于给出正转指令
REV 键	用于给出反转指令
STOP/ERSET 键	用于停止运行 用于保护功能动作输出停止时，复位变频器

表 3-4 单位及运行状态说明

表　示	说　明
Hz	表示频率时，灯亮
A	表示电流时，灯亮
RUN	变频器运行时灯亮：正转时/灯亮或反转时/闪亮
MON	监视显示模式时，灯亮
PU	PU 操作模式时，灯亮
EXT	外部操作模式时，灯亮

③ 按压(SET)键，LED 显示 Pr. 340 的初始值，按压▲键，把 Pr. 340 的值调整为 2。

④ 持续按压(SET)键，直至 Pr. 340 呈闪亮状态，然后松开按键。

⑤ 连续按压(MODE)键，直至返回参数设定状态，LED 显示“Pr. 0”。

⑥ 以相同的方法把 Pr. 79 调整为 1。

⑦ 连续按压(MODE)键，直至返回频率显示状态，LED 显示“0”。

⑧ 参数设置完成。

(3) 参数设置值。

各参数设置情况如表 3-5 所示。

表 3-5 参数设置

序号	参数代号	参数值	说　明	序号	参数代号	参数值	说　明
1	P_4	35	高速	7	P_{79}	2	电动机控制模式
2	P_5	20	中速	8	P_{80}	默认	电动机的额定功率
3	P_6	11	低速	9	P_{82}	默认	电动机的额定电流
4	P_7	5	加速时间	10	P_{83}	默认	电动机的额定电压
5	P_8	5	减速时间	11	P_{84}	默认	电动机的额定频率
6	P_{14}	0	—				

4) 安装和接线

(1) 安装。

① 变频器使用了塑料零件，为了不造成破损，请小心地使用。

② 请安置在不易受震动的地方，注意台车、冲床等的震动。

③ 安装场所的周围温度不能超过允许的温度(－10～＋50℃)。

④ 变频器可能达到很高的温度,大约最多到150℃。请安装在不可燃的表面上,例如金属。同时,为了使热量易于散发,应在其周围留有足够的空间。

⑤ 避免阳光直射的高温场所、多湿场所。

⑥ 将变频器安装在干净的场所,或安装在可阻挡任何悬浮物质的封闭型屏板内。

⑦ 在2台或2台以上变频器以及通风扇安装在一个控制箱内时,应注意正确的安装位置,确保变频器周围温度在允许值以内。

⑧ 变频器要用螺丝垂直且牢固地安装在安装板上。

(2) 接线。

① 端子接线图。

a. 三相400V电源输入端子接线如图3-7所示。

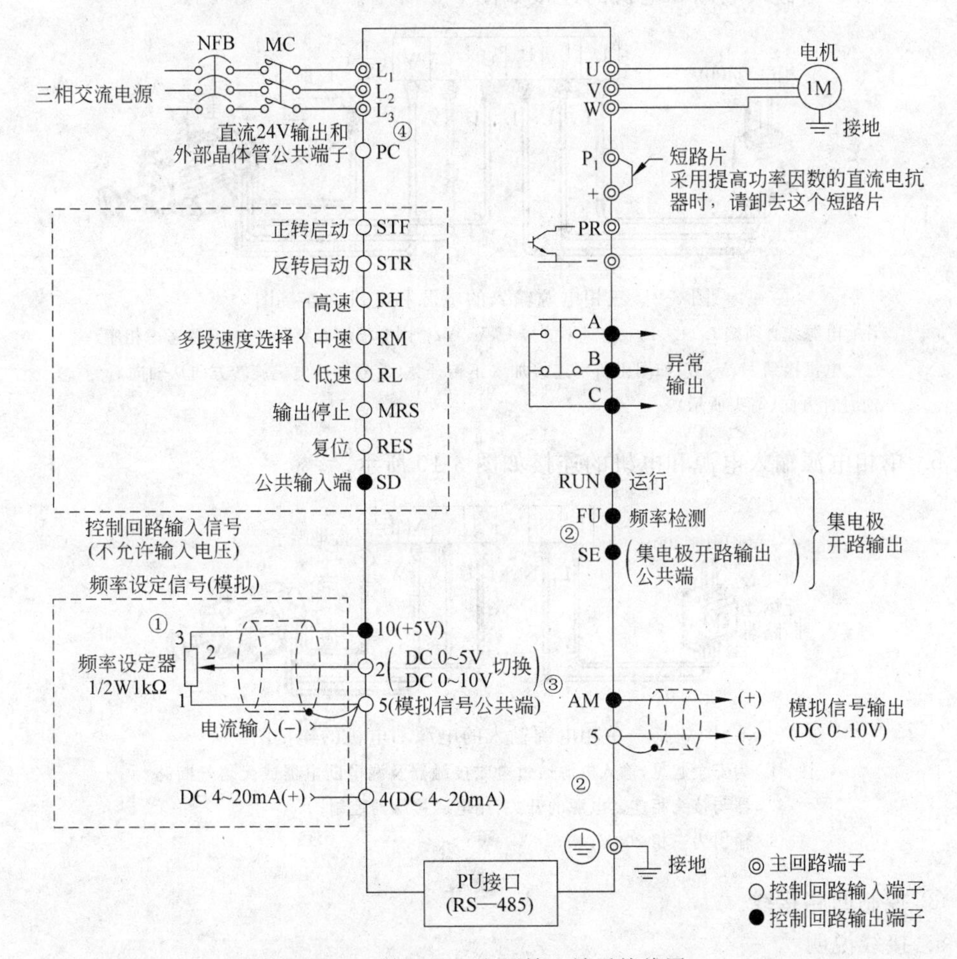

图3-7　三相400V电源输入端子接线图

注:①在设定器操作频率高的情况下,请使用2W 1kΩ的旋钮电位器;②使端子SD和SE绝缘;③端子SD和端子5是公共端子,请不要接地;④端子PC-SD之间作为直流24V的电源使用时,请注意不要让两个端子间短路;一旦短路,会造成变频器损坏。

b. 单相 200V 电源输入端子接线如图 3-8 所示。

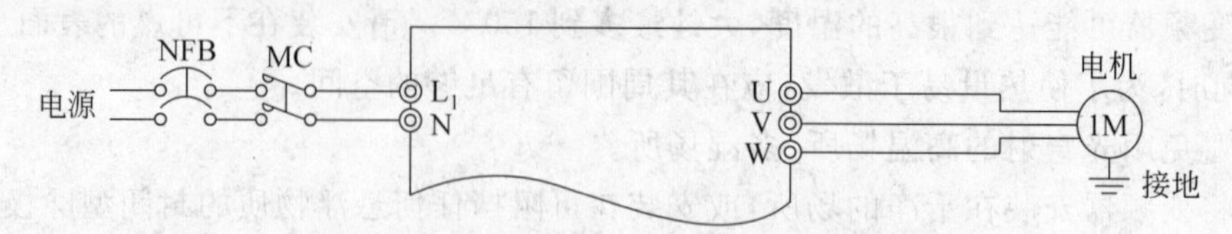

图 3-8　单相 200V 电源输入端子接线图

注：1. 为安全起见，电源输入通过电磁接触器及漏电断路器或无熔丝断路器与插头接入。电源的开闭，用电磁接触器来控制；

2. 输出为三相 200V。

② 电源和电机的连接。

a. 三相电源输入电源和电机的连接如图 3-9 所示。

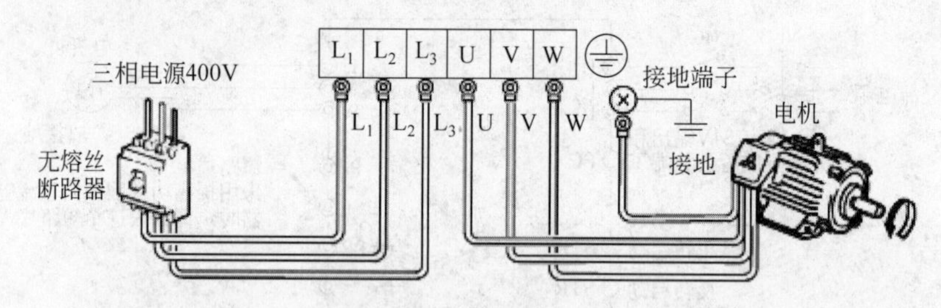

图 3-9　三相电源输入的电源和电机的连接图

注：电源线必须接 L_1、L_2、L_3；绝对不能接 U、V、W，否则会损坏变频器(没有必要考虑相序)；电机接到 U、V、W；如图中所示连接加入正转开关(信号)时，电机旋转方向从轴向看为逆时针方向(箭头所示)。

b. 单相电源输入电源和电机的连接如图 3-10 所示。

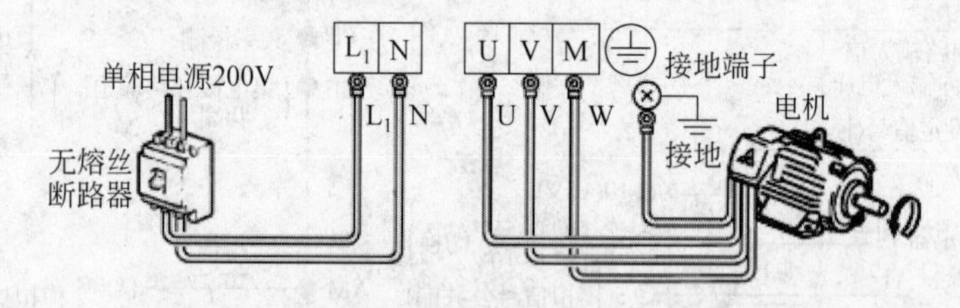

图 3-10　单相电源输入的电源和电机的连接图

注：1. 为安全起见，输入电源通过电磁接触器及漏电断电器或无熔丝断路器与接头相连。电源的开关，用电磁接触器控制；

2. 输出为三相 200V。

③ 控制回路接线。

a. 接线说明：

- 端子 SD、SE 和 5 为输入出信号的公共端，这些端子不要接地。
- 控制回路端子的接线应使用屏蔽线或双绞线，而且必须与主回路、强电回路(含 200V 继电器程序回路)分开布线。
- 由于控制回路的频率输入信号是微小电流，所以在接点输入的场合，为了防止接触不良，微小信号接点应使用两个并联的接点或使用双生接点。

- 控制回路的接线建议选用 0.3～0.75mm² 的电缆。

b. 端子的排列：在变频器控制回路的端子排列如图 3-11 所示。其中，端子螺丝尺寸为 M2.5。

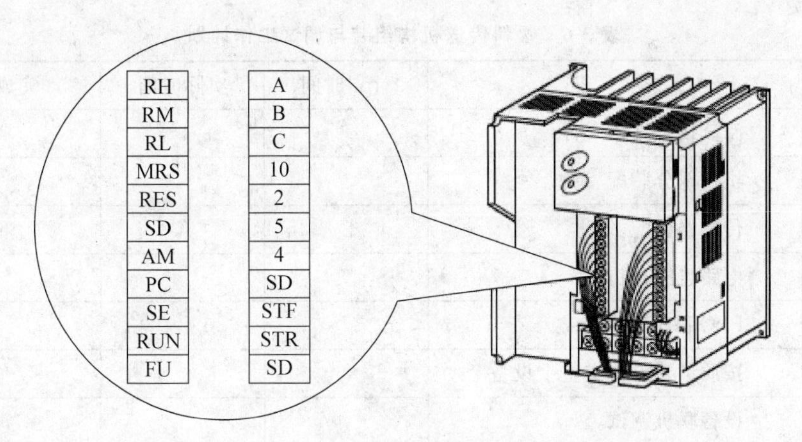

图 3-11　变频器控制回路的端子排列图

c. 接线方法：

- 控制回路的接线：请剥开电线的包布，使用电线的规格印在变频器上。请参考如图 3-12 所示的尺寸剥开。电线剥得过长，容易发生与相邻电线短路；太短，容易使电线脱落。
- 当使用棒状端子和单线时，请使用直径 0.9mm 以下的；若直径超过 0.9mm，拧紧时容易使螺钉滑丝。
- 拧松端子螺钉，把电线插入端子。
- 按规定拧紧力矩和螺钉。没有拧紧的话，容易产生脱线误动作，拧得过紧，容易发生因螺钉单元的破碎而造成短路误动作。拧紧力矩为 0.25～0.49N·m，使用 0 号改锥。

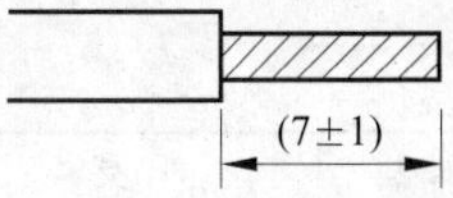

(7±1)

图 3-12　剥线尺寸

注：剥下的线头不要乱扔，应统一处理，并且不要进行焊锡处理。

组装与调试

1. 训练目标

认识组成物料传送机构的零件，熟练掌握装调工具的使用，确保在定额时间内完成物料传送机构机械部分、传感器及电路的安装与调试，然后输入 PLC 程序并调试。

2. 训练要求

(1) 熟悉物料传送机构的功能及结构组成。
(2) 根据安装图纸，装调物料传送机构的机械部分和传感器。

(3) 根据接线图连接好电路，然后输入 PLC 程序并调试。

3. 物料传送机构的组装与调试准备

物料传送机构组装与调试工作计划如表 3-6 所示。

表 3-6 物料传送机构组装与调试工作计划

步骤	内容	计划时间	实际时间	完成情况
1	阅读设备技术文件			
2	机械部分装配、调试			
3	传感器装配、调试			
4	电路连接、检查			
5	PLC 程序输入			
6	按质量要点检查整个设备			
7	设备联机调试			
8	如必要，排除故障			
9	清理现场，整理技术文件			
10	设备验收评估			

物料传送机构的零件清单如表 3-7 所示。

表 3-7 物料传送机构的零件清单

序号	名称	型号规格	单位	数量	实物图片
1	传送线套件	50×700	套	1	
2	电动机及安装套件	380V，25W	套	1	
3	落料口	—	个	1	
4	光电传感器及支架	G012—MDNA—A	只	2	

续表

序号	名　称	型 号 规 格	单位	数量	实物图片
5	按钮模块	YL157	块	1	
6	PLC 模块	YL050、FX_{2N}—48MR	块	1	
7	变频器模块	FR—E540、0.75kW	块	1	
8	电源模块	YL046	块	1	
9	不锈钢内六角螺钉	M6×12mm	只	若干	
		M4×12mm			
		M3×12mm			
10	螺母、垫圈	M4～M8	只	若干	

物料传送机构的装调工具清单如表 3-8 所示。

表 3-8　装调工具清单

序号	名　称	型 号 规 格	单位	数量
1	斜口钳	6 寸	把	1
2	尖嘴钳	6 寸	把	1
3	剥线钳	140mm	把	1
4	内六角扳手	PM—C9	套	1
5	螺钉旋具	“一”字,“十”字	把	1,1
6	钟表螺钉旋具	YY006—C1	套	1
7	万用表	MF47	只	1

物料传送机构装配示意图如图 3-13 所示。

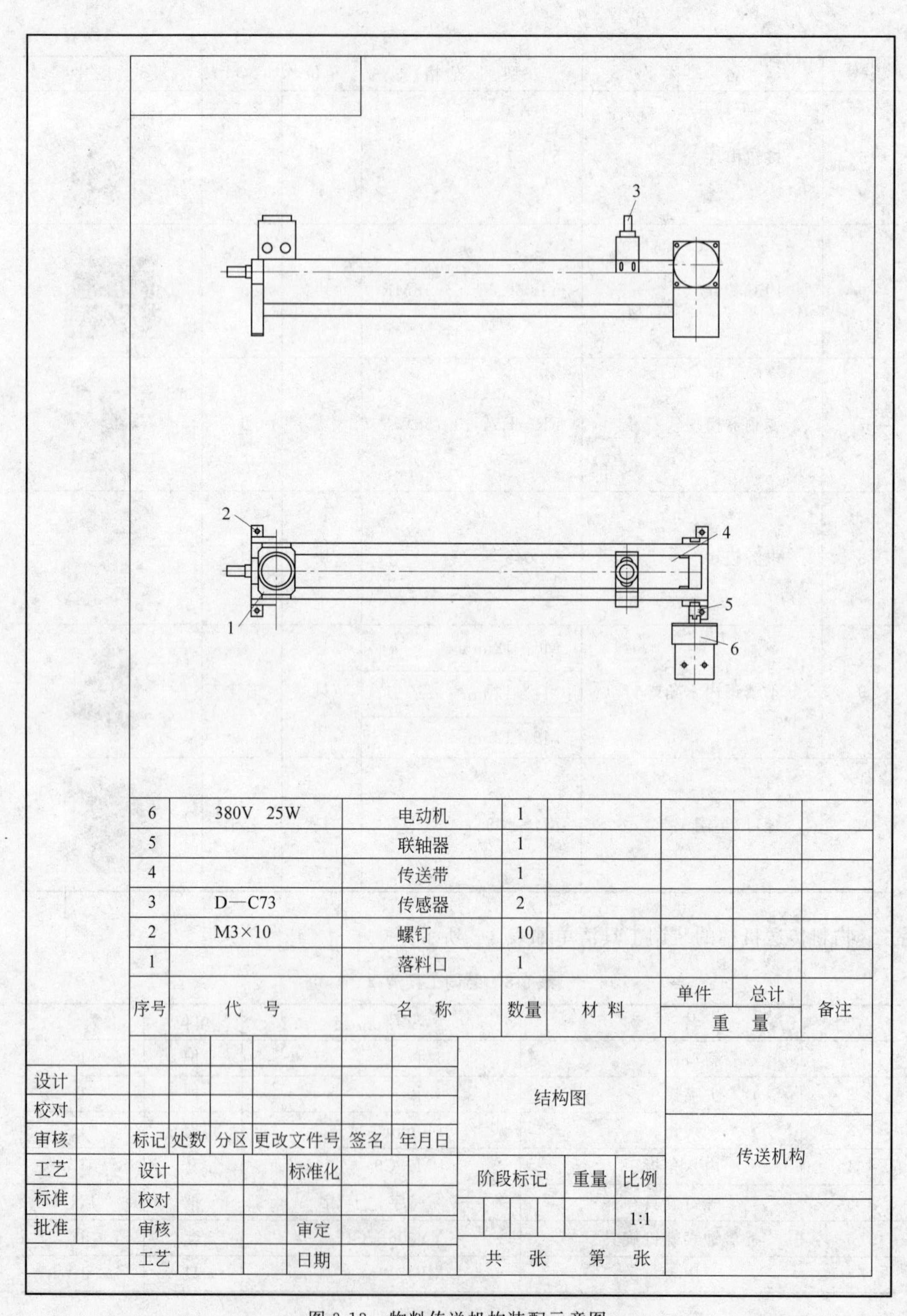

图 3-13 物料传送机构装配示意图

4. 物料传送机构的组装与调试

通过识读送料机构结构图，确定合理的设备装配顺序，完成送料机构的组装与调试，表 3-9 为参考步骤。

表 3-9　物料传送机构组装与调试参考步骤

步骤	图例说明	作业内容及要求	备注
1	 安装输送带轴	依次装入主动轴、支撑轴和从动轴  注意主动轴轴颈位置	
2	 安装输送带	先装入输送带，再装上支架 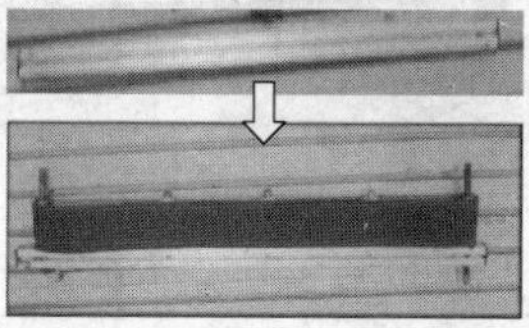	
3	 安装输送带支架	把支架倒过来安装。安装时注意位置精度 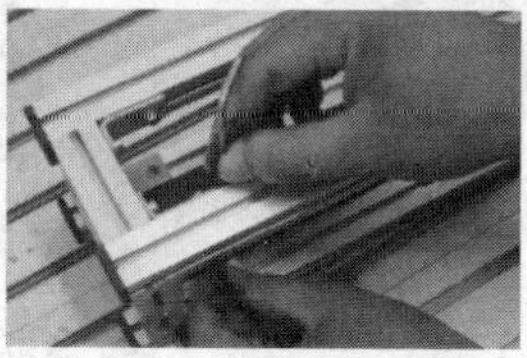	
4	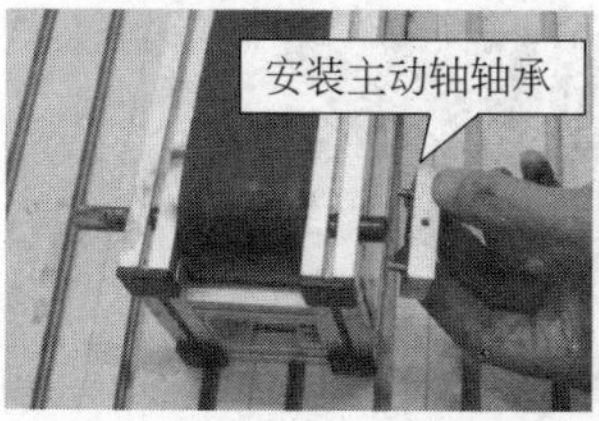 安装主动轴轴承	安装时要调整两个轴承的同轴度，还要注意油孔方向 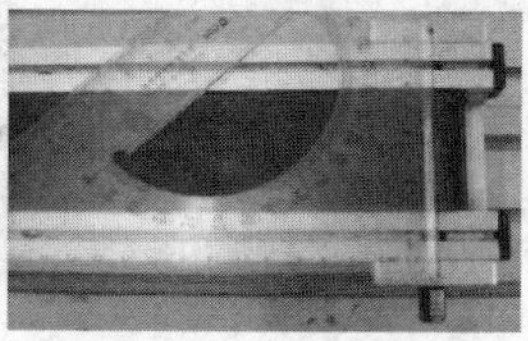	
5	 安装从动轴轴承	先安装从动轴调节支架，再安装轴承  调节支架	

续表

步骤	图例说明	作业内容及要求	备注
6	 调节从动轴轴承	调节时转动调节螺钉,保证与主动轴的平行度 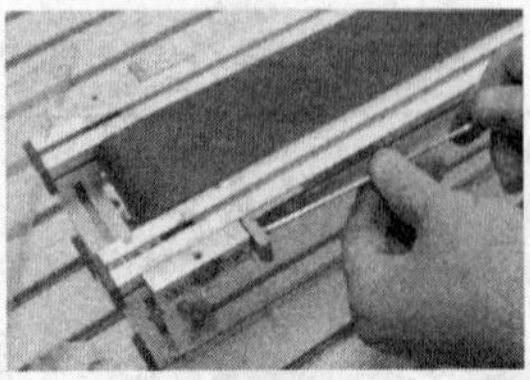	
7	 安装落料口	安装时位置不能过于靠边  固定螺钉	
8	 安装脚支架	先连接机架和脚支架。注意调节脚支架位置,使之等高 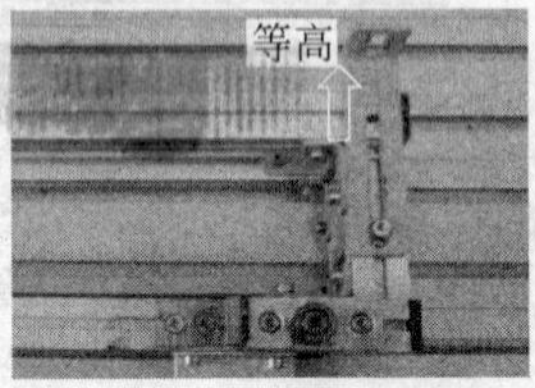 等高	
9	 安装联轴器	安装联轴器时,通过调节螺钉,使电动机与传送带同轴 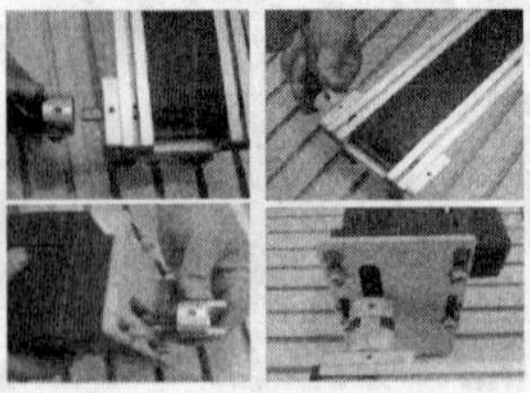	
10	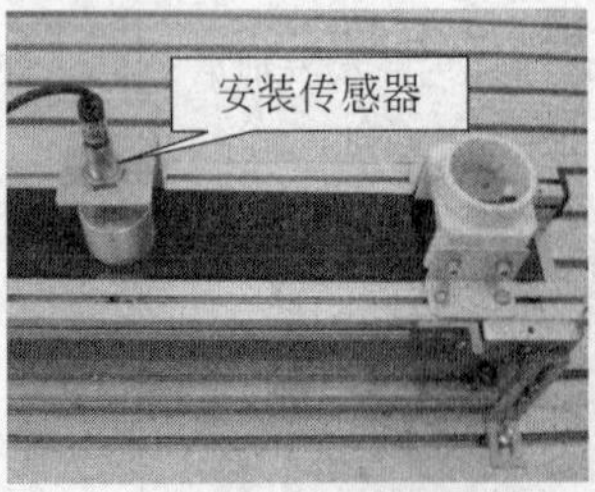 安装传感器	安装好传感器支架,然后装上传感器,并调节高度,确保检测准确 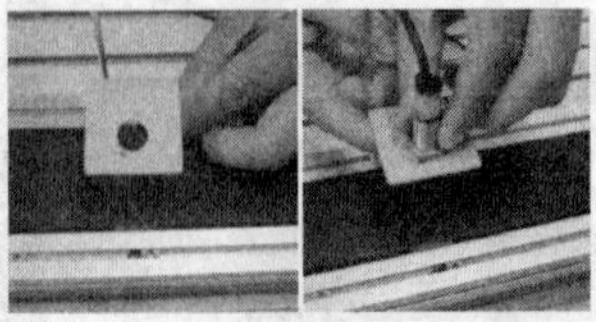	

续表

步骤	图例说明	作业内容及要求	备　注
11	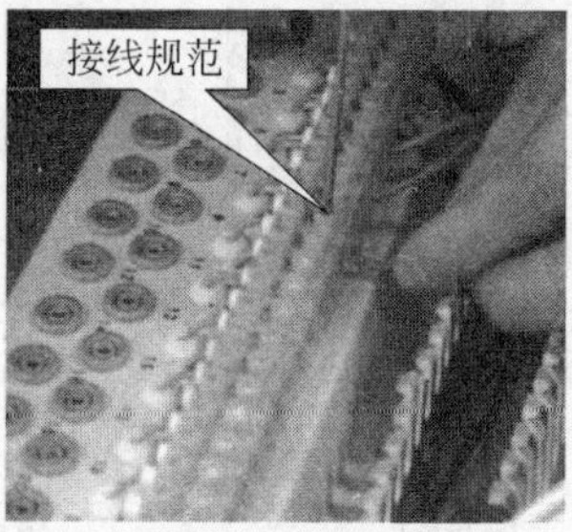 接线规范	按照接线图连接电路，并设置变频器 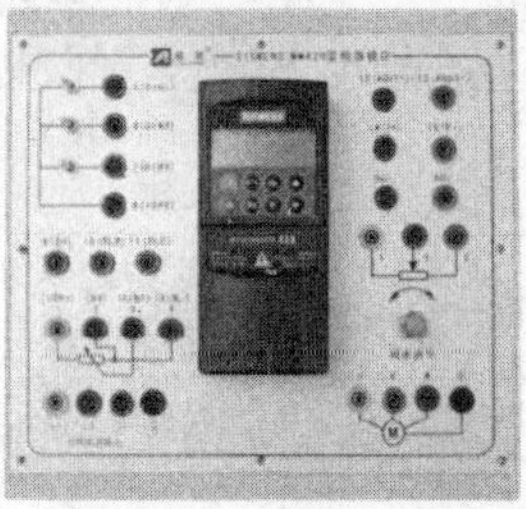	
12	 输入程序	PLC 静态调试：用编程线缆连接计算机的串口和 PLC 的编程接口  RUN/STOP开关	
13	 设备联调	仔细观察执行机构的运动，并分析、判断故障形成的原因	

5. 运行记录及故障分析

调试过程中，仔细观察执行机构的运动，并分析、判断故障形成的原因，填写调试运行记录表(见表 3-10)和评分表(见表 3-11)。

表 3-10　调试运行记录表

步骤	操 作 过 程	设备实现的功能	不能实现原因分析
1	按下启动按钮(落料口检测到物料)		
2	右侧传感器检测到物料		
3	向右传送物料的同时按下停止按钮 SB_2		

表 3-11　评分表

训练项目	训练内容	训练要求	配分	评价	
				学生自评	教师评分
物料传送机构组装与调试	设备安装	部件安装可靠，位置准确；部件衔接到位，不松动	40		
	电路安装	安装正确，接线规范；布线整齐，导线入槽	20		
	设备功能	能正确实现送料功能；警示灯动作及报警正常	30		
	安全文明生产	生产规范，现场整洁	10		
合　计			100		

项目四

送料机构、搬运机构和物料传送机构的组装与调试

项目介绍

送料机构、搬运机构及物料传送机构主要由送料装置、机械手搬运装置及物料传送装置等组成。其中，送料装置主要由放料转盘、调节固定支架、直流减速电机、出料口传感器、物料检测支架等组成。机械手主要由气动手爪部件、提升气缸部件、手臂伸缩气缸部件、旋转气缸部件及固定支架等组成。传送装置主要由落料口、落料检测传感器、直线皮带输送线和三相异步电动机等组成。各部分的功能及工作原理详见项目一、项目二和项目三。YL—235A 设备实物如图 4-1 所示。

图 4-1　YL—235A 设备实物图

知识链接

1. 送料机构、搬运机构和物料传送机构的 PLC 控制

送料机构、搬运机构和物料传送机构主要实现物料送料、机械手搬运及物料输送等功能。

（1）机械手复位功能：PLC 通电，机械手手爪放松，手爪上升，手臂缩回，手臂左旋至左侧限位处。

（2）启停控制：机械手复位后，按下启动按钮，机构开始工作。按下停止按钮，机构完成当前工作循环后停止。

（3）送料功能：系统启动后，警示灯绿灯闪烁。若检测到物料支架上无物料，PLC 便启动送料电动机工作，驱动送料杆旋转，物料从放料转盘中移至出料口。当物料检测传感器检测到有物料时，电动机停止运转。若送料电动机运行 4s 后，物料检测传感器仍未检测到物料，说明料盘内已无物料，此时机构停止工作并报警，警示灯红灯闪烁。

（4）搬运功能：系统启动后，若加料站出料口的物料检测传感器检测到有物料，机械手在左极限位的手臂伸出；到位后，手爪在提升气缸带动下下降；到位后，手爪抓取物料并夹紧 1s，提升臂上升；到位后，机械手臂缩回，在旋转气缸带动下向右旋转至极限位后停留 2s，手臂伸出；手爪下降到位后，停留 0.5s，手爪放松，释放物料；到位后，提升臂缩回，手爪上升；到位后，机械手臂缩回，并左旋转至极限位置后开始新的工作循环。

（5）传送功能：当物料传送机构的落料口传感器检测到物料时，三相异步电动机在变频器的驱动下，以 30Hz 的频率正转运行，向右侧输送物料。当右侧检测光电传感器检测到物料时，传送带停止运行。

该机构的 PLC 控制硬件接线原理图如图 4-2 所示，输入/输出设备及 I/O 点分配如表 4-1 所示。

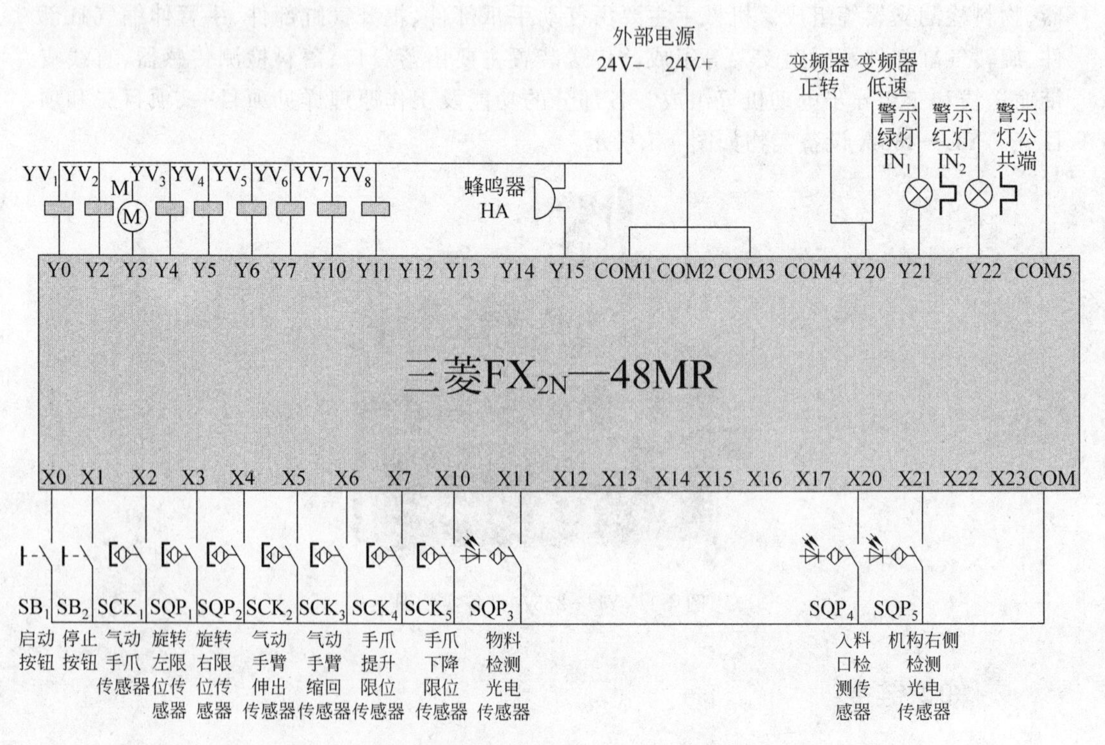

图 4-2 PLC 控制硬件接线原理图

表 4-1　输入/输出设备及 I/O 点分配

输　　入			输　　出		
元件代号	功　　能	输入点	元件代号	功　　能	输出点
SB_1	启动按钮	X0	YV_1	手臂右旋	Y0
SB_2	停止按钮	X1	YV_2	手臂左旋	Y2
SCK_1	气动手爪传感器	X2	M	转盘电动机	Y3
SQP_1	旋转左限位传感器	X3	YV_3	手爪夹紧	Y4
SQP_2	旋转右限位传感器	X4	YV_4	手爪放松	Y5
SCK_2	气动手臂伸出传感器	X5	YV_5	提升气缸下降	Y6
SCK_3	气动手臂缩回传感器	X6	YV_6	提升气缸上升	Y7
SCK_4	手爪提升限位传感器	X7	YV_7	伸缩气缸伸出	Y10
SCK_5	手爪下降限位传感器	X10	YV_8	伸缩气缸缩回	Y11
SQP_3	物料检测光电传感器	X11	HA	蜂鸣器	Y15
SQP_4	入料口检测传感器	X20	STF(RL)	变频器低速及正转	Y20
SQP_5	机构右侧检测光电传感器	X21	IN_1	警示绿灯	Y21
			IN_2	警示红灯	Y22

送料机构、搬运机构和物料传送机构的 PLC 控制程序梯形图如图 4-3 所示。

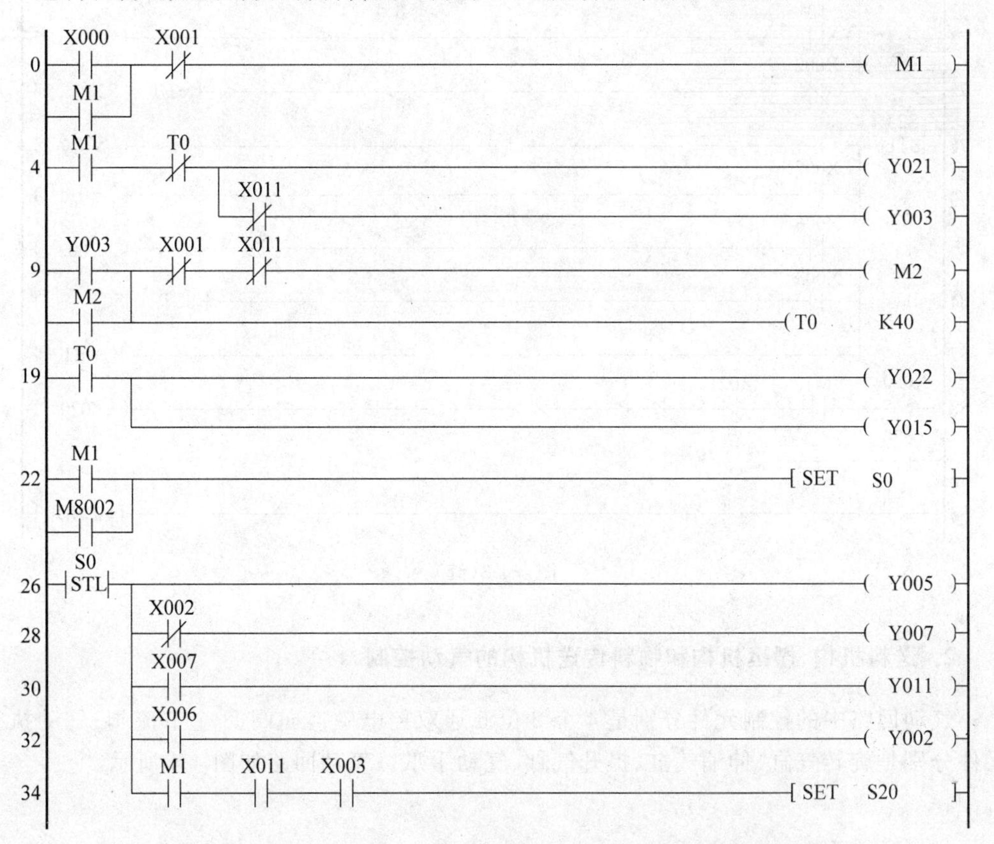

图 4-3　送料机构、搬运机构和物料传送机构的 PLC 控制程序梯形图

```
39  S20 STL ─────────────────────────────── ( Y010 )
41      X005 ─┤├──────────────────────────── ( Y006 )
43      X010 ─┤├──────────────────────────── ( Y004 )
45      X002 ─┤├──────────────────────────── ( T1    K10 )
49      T1   ─┤├──────────────────────────── [ SET   S21 ]
52  S21 STL ─────────────────────────────── ( Y007 )
54      X007 ─┤├──────────────────────────── ( Y011 )
56      X006 ─┤├──────────────────────────── ( Y000 )
58      X004 ─┤├──────────────────────────── ( T2    K20 )
62      T2   ─┤├──────────────────────────── [ SET   S22 ]
65  S22 STL ─────────────────────────────── ( Y010 )
67      X005 ─┤├──────────────────────────── ( Y006 )
69      X010 ─┤├──────────────────────────── ( T3    K5 )
73      T3   ─┤├──────────────────────────── ( Y005 )
75      X002 ─┤/├──────────────────────────── [ SET   S23 ]
78  S23 STL ─────────────────────────────── ( Y007 )
80      X007 ─┤├──────────────────────────── ( Y011 )
82      X006 ─┤├──────────────────────────── ( Y002 )
84      X003 ─┤├──────────────────────────── [ SET   S0 ]
87      ──────────────────────────────────── [ RET ]
88  X020 ─┤├──┬── M1 ─┤├── X021 ─┤/├──────── ( Y020 )
    Y020 ─┤├──┘
93  ──────────────────────────────────────── [ END ]
```

图 4-3(续)

2. 送料机构、搬运机构和物料传送机构的气动控制

气动回路中的控制元件分别是 4 个 2 位 5 通双控电磁换向阀、8 个节流阀；气动执行元件分别是旋转气缸、伸缩气缸、提升气缸、气动手爪。气动回路如图 4-4 所示。

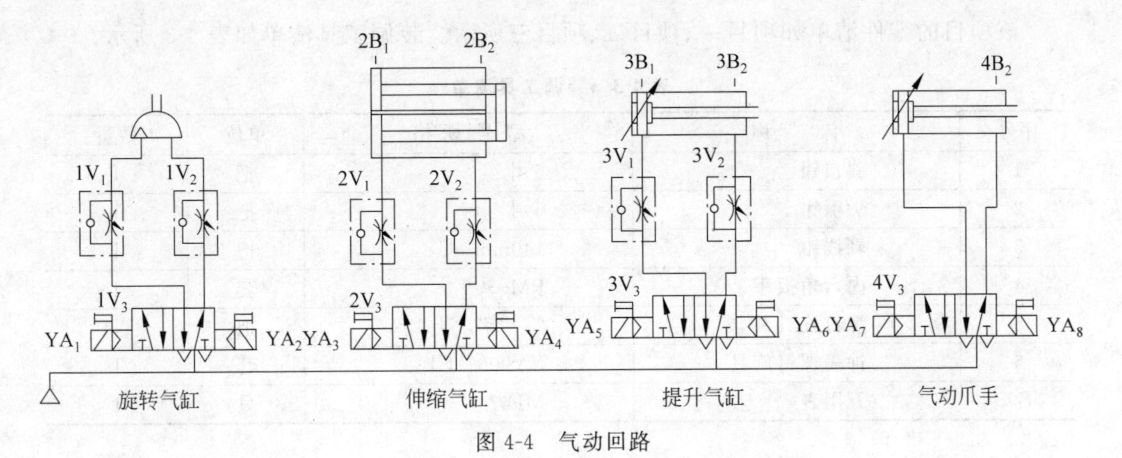

图 4-4　气动回路

组装与调试

1. 训练目标

认识组成该项目的零部件，熟练掌握装调工具的使用，确保在定额时间内完成该项目机械部分、传感器及电路的安装与调试，气路的安装与调试，然后输入 PLC 程序并调试。

2. 训练要求

(1) 熟悉该项目各部分的功能及结构组成。
(2) 根据安装图纸装调该项目的机械部分和传感器。
(3) 根据气路图连接好气路。
(4) 根据接线图连接好电路，并输入 PLC 程序调试。

3. 送料机构、搬运机构和物料传送的组装与调试准备

组装与调试工作计划如表 4-2 所示。

表 4-2　组装与调试工作计划

步骤	内　容	计划时间	实际时间	完成情况
1	阅读设备技术文件			
2	机械部分装配、调试			
3	传感器装配、调试			
4	电路连接、检查			
5	气路连接、检查			
6	PLC 程序输入			
7	按质量要点检查整个设备			
8	设备联机调试			
9	如必要，排除故障			
10	清理现场，整理技术文件			
11	设备验收评估			

该项目的零件清单如项目一、项目二、项目三所示。装调工具清单如表4-3所示。

表4-3 装调工具清单

序号	名　称	型号规格	单位	数量
1	斜口钳	6寸	把	1
2	尖嘴钳	6寸	把	1
3	剥线钳	140mm	把	1
4	内六角扳手	PM—C9	套	1
5	螺钉旋具	"一"字，"十"字	把	1,1
6	钟表螺钉旋具	YY006—C1	套	1
7	万用表	MF47	只	1

装配示意图如图4-5所示。

4. 送料机构、搬运机构和物料传送机构的组装与调试

组装过程参照项目一、项目二和项目三。

5. 运行记录及故障分析

调试过程中仔细观察执行机构的运动，并分析、判断故障形成的原因，填写调试运行记录表（见表4-4）和评分表（见表4-5）。

表4-4 调试运行记录表

步骤	操作过程	设备实现的功能	不能实现原因分析
1	按下启动按钮		
2	4s后无料		
3	出料口有物料		
4	机械手释放物料		
5	右侧传感器检测到物料		
6	按下停止按钮		

表4-5 评分表

训练项目	训练内容	训练要求	配分	评价	
				学生自评	教师评分
机构安装与调试	设备安装	部件安装可靠，位置准确；部件衔接到位，不松动	40		
	电路安装	安装正确，接线规范；布线整齐，导线入槽	20		
	设备功能	能正确实现相关功能；警示灯动作及报警正常	30		
	安全文明生产	生产规范，现场整洁	10		
合计			100		

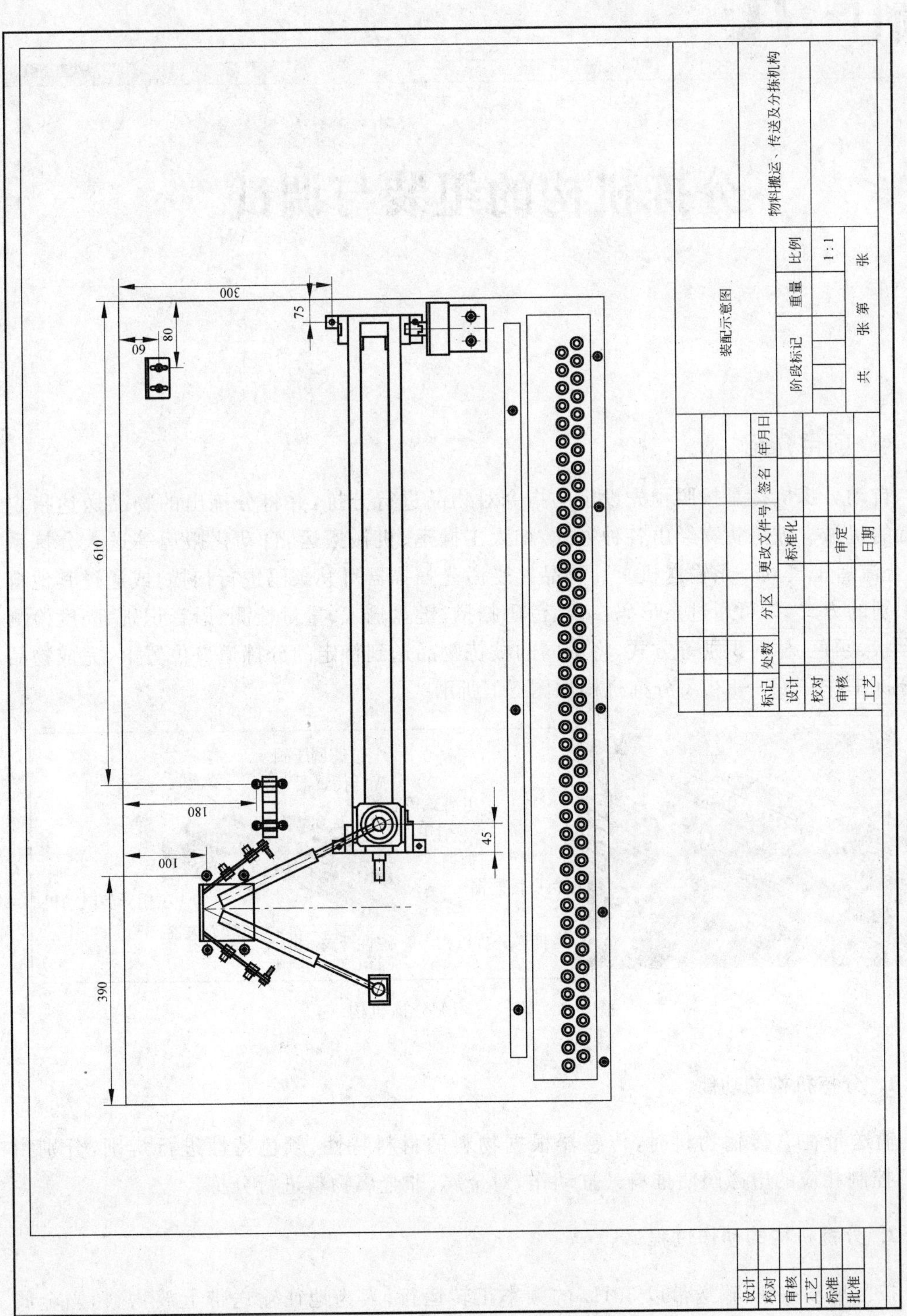

图 4-5　送料机构、搬运机构和物料传送机构装配示意图

项目五

分拣机构的组装与调试

项目介绍

自动分拣机构是按照预先设定的指令对物品进行分拣，并将分拣出的物品送达指定位置的机械。被拣货物经由各种方式，如人工搬运、机械搬运、自动化搬运等送入分拣系统，合流后汇集到一条输送机上。物品接受激光扫描器对其条码进行扫描，或通过其他自动识别的方式，如可通过条形码扫描、色码扫描、键盘输入、重量检测、语音识别、高度检测及形状、颜色、材料识别等方式，将不同的被拣物品送到特定的分拣道口位置上，完成物品的分拣工作。YL—235A 分拣机构如图 5-1 所示。

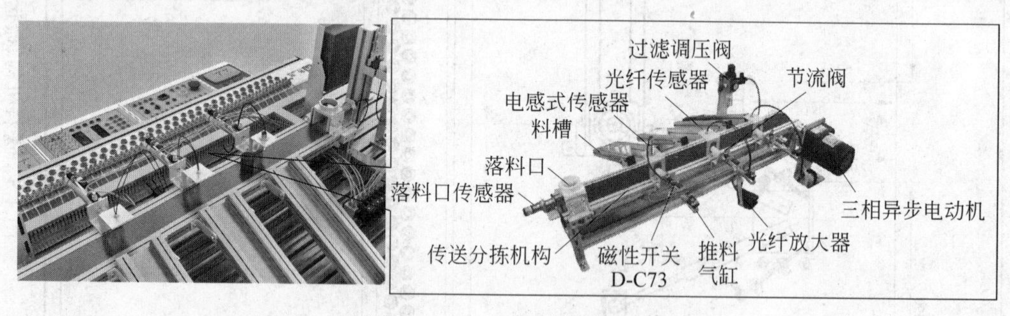

图 5-1　YL—235A 分拣机构

1. 分拣机构的功能

输送带往右传输物料时，传感器根据物料的材料特性、颜色特性进行辨别，分别由 PLC 控制相应的电磁阀使推料气缸动作，对金属、非金属物料进行分拣。

2. 分拣机构的动作过程

按下启动按钮，输送带以 30Hz 的频率正转运行；人为地往输送带上放物料，当金属传感器检测到金属物料时，驱动推料一气缸，使之进入料槽一；当光纤传感器检测到白色塑料物料时，驱动推料二气缸，使之进入料槽二；当光纤传感器检测到黑色塑料物料时，驱动推料三气缸，使之进入料槽三。

3. 分拣机构的实际应用

如图 5-2 所示，分拣机构可用于柑橘自动分拣机和邮包自动分拣系统。

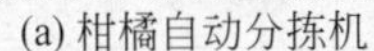

(a) 柑橘自动分拣机

(b) 邮包自动分拣系统

图 5-2　分拣机构的实际应用

知识链接

1. 物料分拣机构的 PLC 控制

如图 5-1 所示，分拣机构上安装有电感式传感器、光纤传感器等向 PLC 系统提供信号。系统实现以下功能。

(1) 启停控制

按下启动按钮，分拣机构开始工作。按下停止按钮，机构完成当前分拣工作后停止。

(2) 分拣功能

① 分拣金属物料：当电感式传感器检测到金属物料时，推料一气缸伸出，将它推入料槽一。气缸一伸出到位后，活塞杆缩回，同时三相异步电动机停止运行。

② 分拣白色塑料物料：当光纤传感器检测到白色物料时，推料二气缸伸出，将它推入料槽二。气缸二伸出到位后，活塞杆缩回，同时三相异步电动机停止运行。

③ 分拣黑色塑料物料：当光纤传感器检测到黑色物料时，推料三气缸伸出，将它推入料槽三内。气缸三伸出到位后，活塞杆缩回，同时三相异步电动机停止运行。

物料分拣机构的 PLC 控制硬件接线原理图如图 5-3 所示，输入/输出设备及 I/O 点分配如表 5-1 所示。

表 5-1　输入/输出设备及 I/O 点分配

输　入			输　出		
元件代号	功　能	输入点	元件代号	功　能	输出点
SB_1	启动按钮	X0	YV_1	驱动推料一气缸伸出	Y12
SB_2	停止按钮	X1	YV_2	驱动推料二气缸伸出	Y13
SCK_1	推料一气缸伸出限位传感器	X12	YV_3	驱动推料三气缸伸出	Y14

续表

输入			输出		
元件代号	功能	输入点	元件代号	功能	输出点
SCK_2	推料一气缸缩回限位传感器	X13	STF(RL)	变频器低速及正转	Y20
SCK_3	推料二气缸伸出限位传感器	X14			
SCK_4	推料二气缸缩回限位传感器	X15			
SCK_5	推料三气缸伸出限位传感器	X16			
SCK_6	推料三气缸缩回限位传感器	X17			
SQP_1	启动推料一传感器	X20			
SQP_2	启动推料二传感器	X21			
SQP_3	启动推料三传感器	X22			

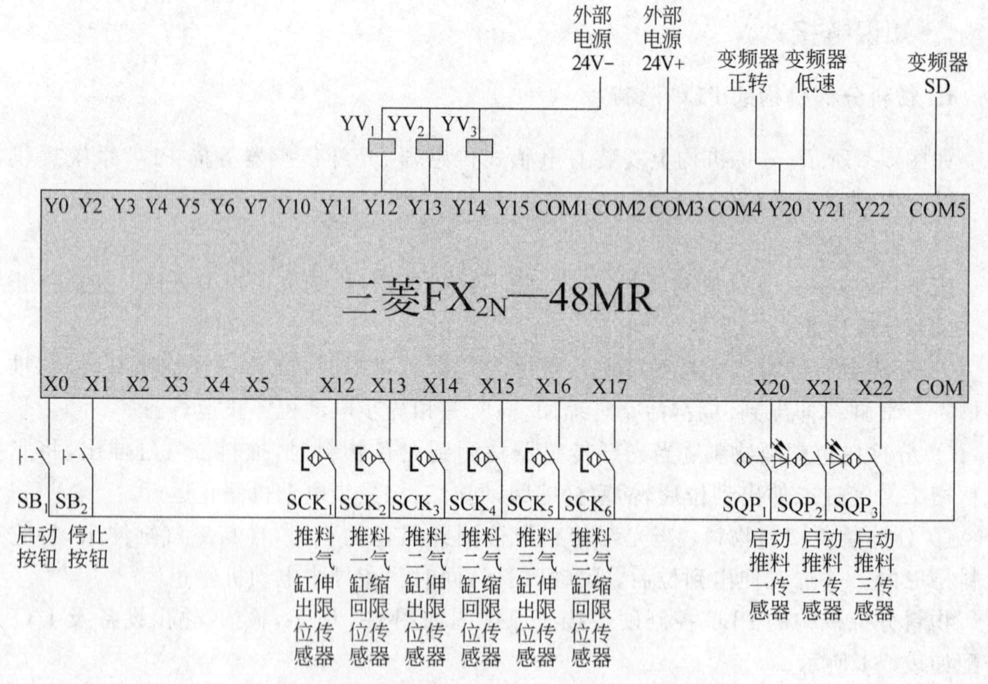

图 5-3 物料分拣机构的 PLC 控制硬件接线原理图

分拣机构的 PLC 控制程序梯形图如图 5-4 所示。

2. 分拣机构的气动控制

分拣机构气动回路中的控制元件是 3 个 2 位 5 通的单控电磁换向阀及 6 个节流阀；气动执行元件是推料一气缸、推料二气缸和推料三气缸。分拣机构的气动回路如图 5-5 所示。

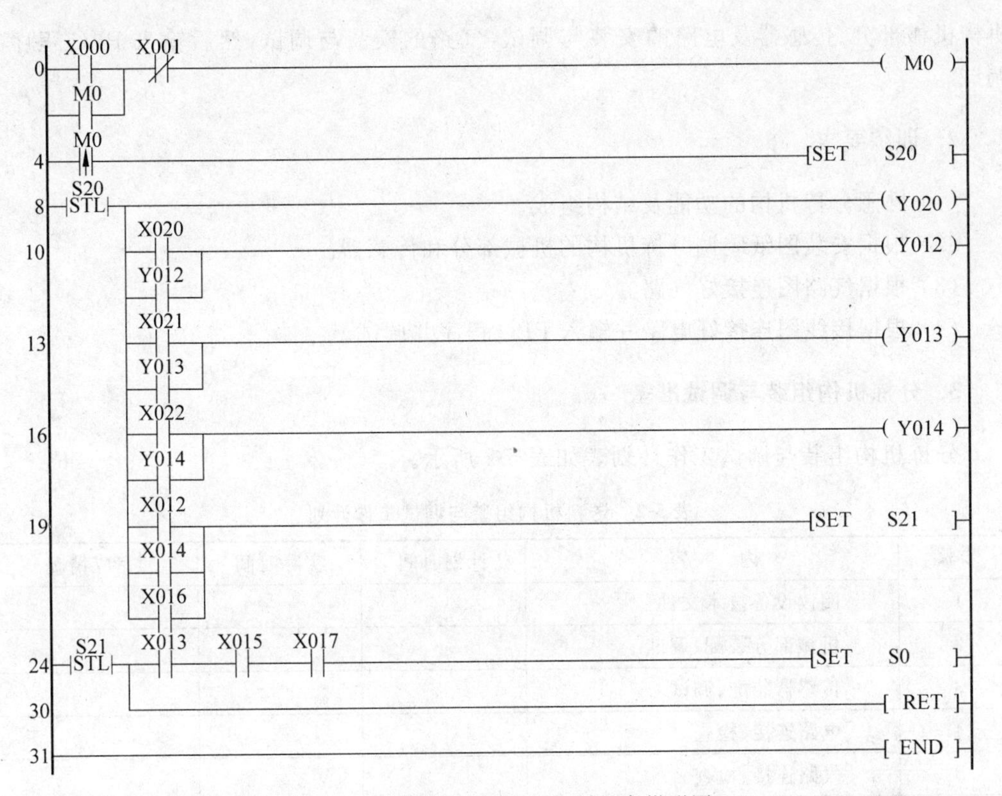

图 5-4　分拣机构的 PLC 控制程序梯形图

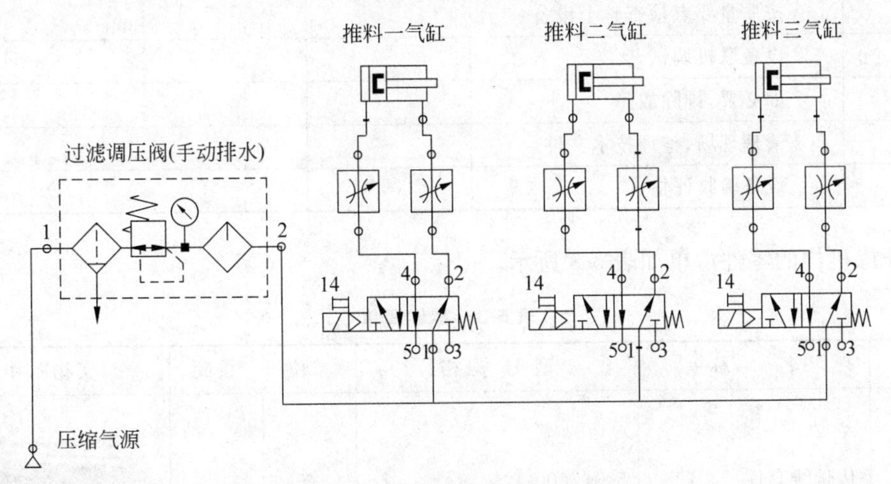

图 5-5　分拣机构的气动回路图

组装与调试

1. 训练目标

认识组成分拣机构的零部件，熟练掌握装调工具的使用，确保在定额时间内完成分拣机构机械部分、传感器及电路的安装与调试,气路的安装与调试,然后输入 PLC 程序并调试。

2. 训练要求

(1) 熟悉分拣机构的功能及结构组成。
(2) 根据安装图纸装调分拣机构的机械部分和传感器。
(3) 根据气路图连接好气路。
(4) 根据接线图连接好电路并输入 PLC 程序并调试。

3. 分拣机构组装与调试准备

分拣机构组装与调试工作计划表如表 5-2 所示。

表 5-2 送料机构组装与调试工作计划

步骤	内 容	计划时间	实际时间	完成情况
1	阅读设备技术文件			
2	机械部分装配、调试			
3	传感器装配、调试			
4	电路连接、检查			
5	气路连接、检查			
6	PLC 程序输入			
7	按质量要点检查整个设备			
8	设备联机调试			
9	如必要,排除故障			
10	清理现场,整理技术文件			
11	设备验收评估			

分拣机构的零件清单如表 5-3 所示。

表 5-3 零件清单

序号	名 称	型号规格	单位	数量	实物图片
1	传送线套件	50×700	套	1	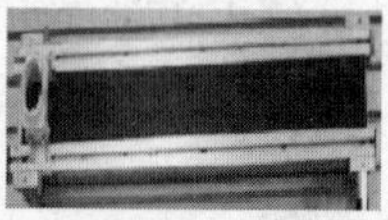
2	推料气缸套件	CDJ2KB10—60—B	套	1	

续表

序号	名 称	型号规格	单位	数量	实物图片
3	料槽套件		套	1	
4	电动机及安装套件	380V,25W	套	1	
5	落料口		只	1	
6	电感式传感器及支架	NSN4—2M60—E0—AM	套	1	
7	光电传感器及支架	GO12—MDNA—A	套	1	
8	光纤传感器及支架	E3X—NA11	套	1	
9	磁性传感器	D—C73	套	4	
10	按钮模块	YL157	块	1	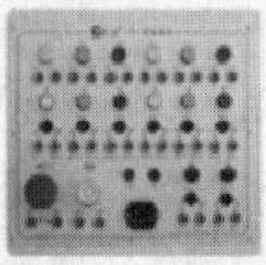

续表

序号	名　称	型号规格	单位	数量	实物图片
11	电源模块	YL046	块	1	
12	PLC模块	YL050、FX_{2N}—48MR	块	1	
13	变频器模块	FR—E540、0.75kW	块	1	
14	不锈钢内六角螺钉	M6×12mm M4×12mm M3×12mm	只	若干	
15	螺母、垫圈	M6、M4、$\phi4$	只	若干	

分拣机构的装调工具清单如表5-4所示。

表5-4　装调工具清单

序号	名　称	型号规格	单位	数量
1	斜口钳	6寸	把	1
2	尖嘴钳	6寸	把	1
3	剥线钳	140mm	把	1
4	内六角扳手	PM—C9	套	1
5	螺钉旋具	“一”字,“十”字	把	1,1
6	钟表螺钉旋具	YY006—C1	套	1
7	万用表	MF47	只	1

分拣机构装配示意图如图5-6所示。

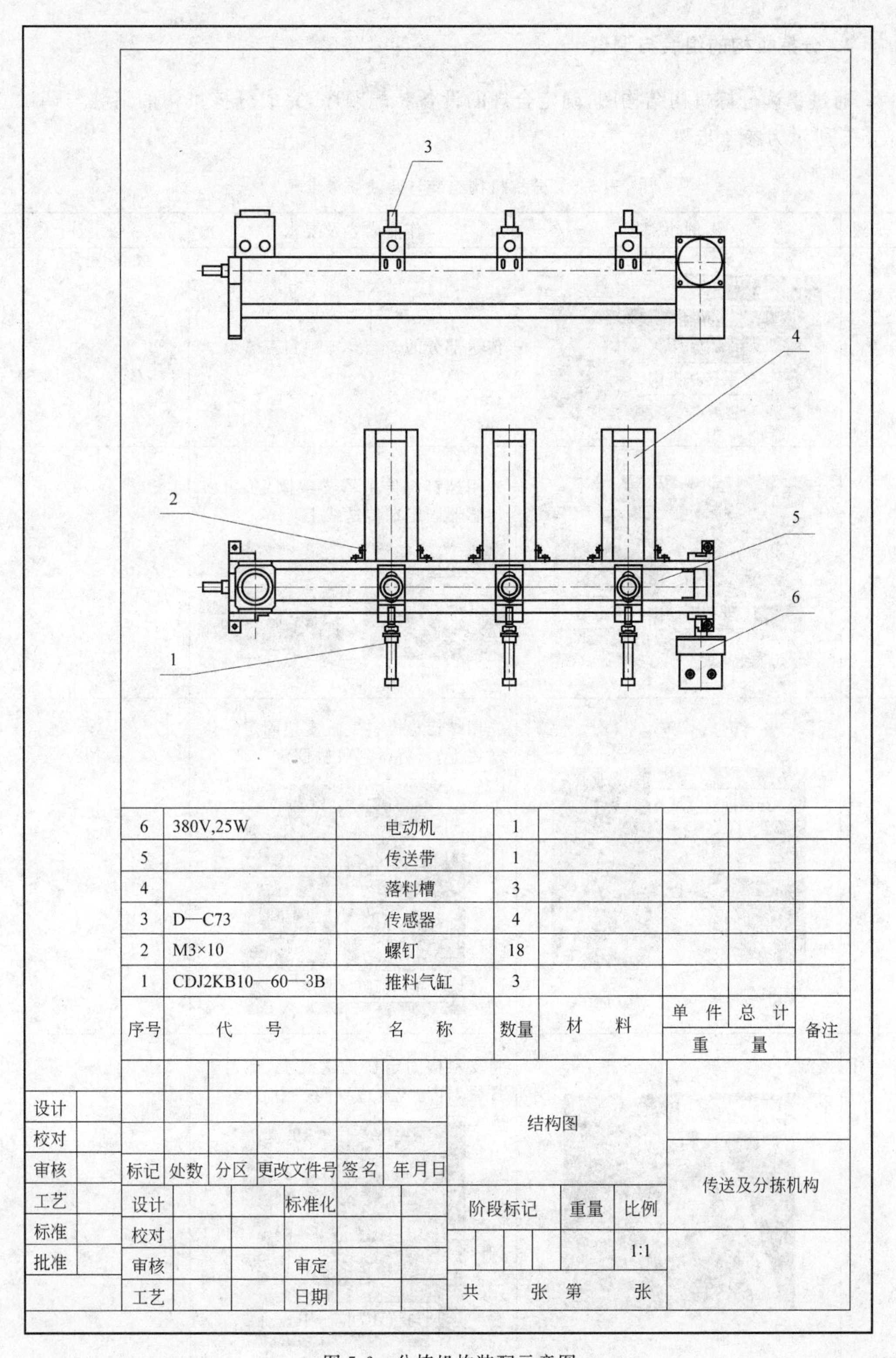

图 5-6　分拣机构装配示意图

4. 分拣机构的组装与调试

通过识读分拣机构结构图,确定合理的设备装配顺序,完成分拣机构的组装与调试。表 5-5 所示为参考步骤。

表 5-5 分拣机构组装与调试参考步骤

步骤	图例说明	作业内容及要求	备注
1	 安装传送机构	传送部分的安装参考项目三	
2	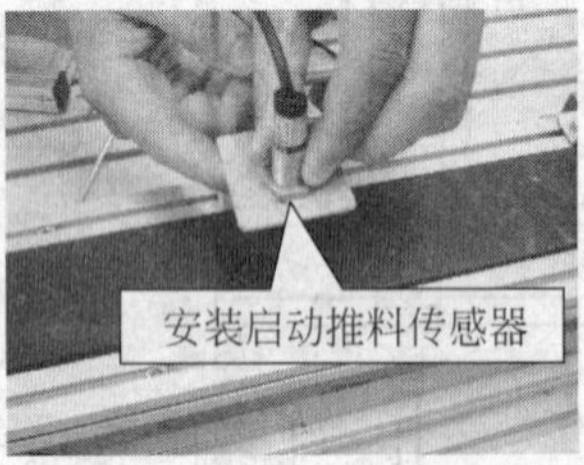 安装启动推料传感器	先用螺钉将传感器支架固定,再将传感器固定在传送线上 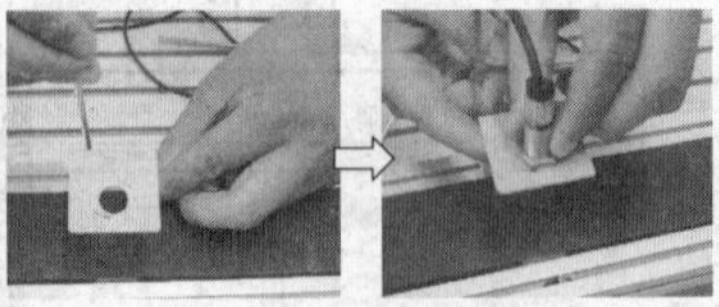	
3	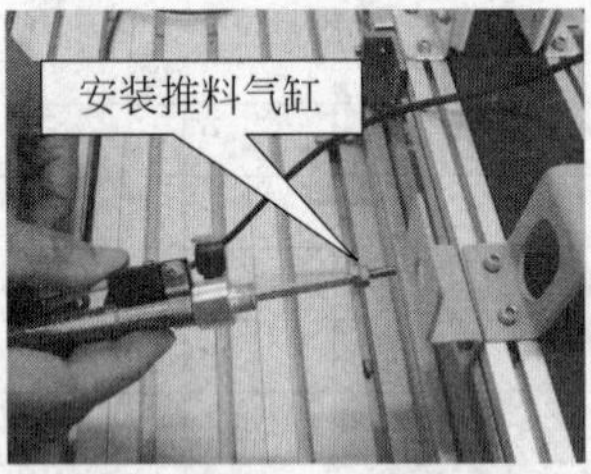 安装推料气缸	先用螺钉将推料气缸支架固定在传送线上,再将推料气缸固定 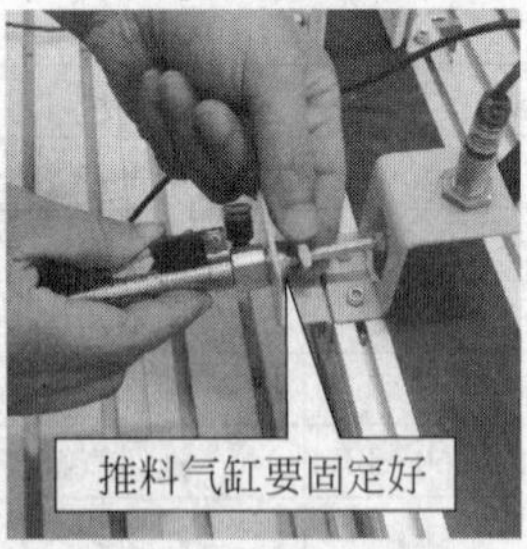 推料气缸要固定好	
4	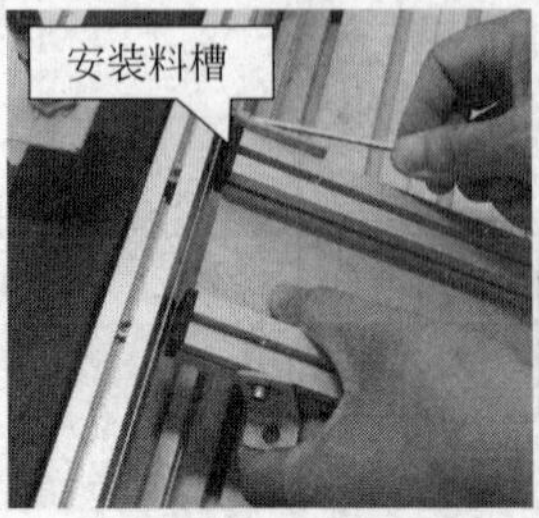 安装料槽	将支料槽固定在传送线上,螺钉要拧紧,且与气缸位于同一中心线  与气缸为同一中心	

续表

步骤	图例说明	作业内容及要求	备注
5	 调整各传感器、推料气缸、料槽	调整各传感器、推料气缸、料槽，确保相对位置准确	
6	 固定电磁阀、连接管路	管路连接要整齐，避免直角或锐角弯曲，尽量平行布置  管路连接要整齐	
7	 接线规范	按照接线图连接好电路，并输入PLC程序  安装正确	
8	 输入程序	PLC静态调试，用编程线缆连接计算机的串口和PLC的编程接口  RUN/STOP开关设置	静态调试时，调整传感器位置，直到能点亮PLC的输入指示LED灯
9	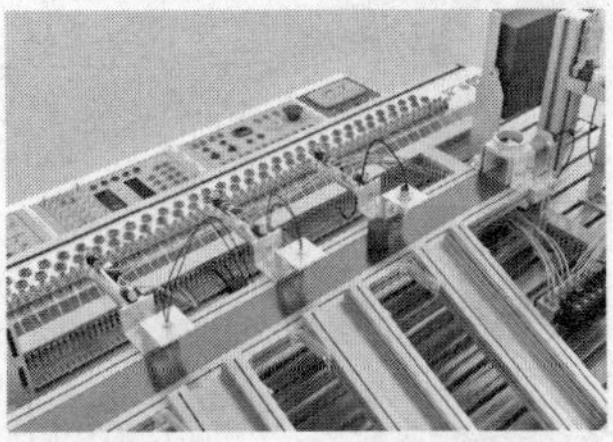	设备联调，仔细观察执行机构的运动，并分析、判断故障形成的原因	

5. 运行记录及故障分析

调试过程中仔细观察执行机构的运动，并分析判断故障形成的原因，填写调试运行记录表（见表5-6）和评分表（见表5-7）。

表5-6 调试运行记录表

步骤	操作过程	设备实现的功能	不能实现原因分析
1	按下启动按钮		
2	落料口放入金属物料		
3	物料传送至电感式传感器		
4	落料口放入白色塑料物料		
5	物料传送至光纤传感器一		
6	落料口放入黑色塑料物料		
7	物料传送至光纤传感器二		

表5-7 评分表

训练项目	训练内容	训练要求	配分	评价	
				学生自评	教师评分
分拣机构安装与调试	设备安装	部件安装可靠，位置准确；部件衔接到位，不松动	40		
	电路安装	安装正确，接线规范；布线整齐，导线入槽	20		
	设备功能	能正确实现分拣功能	30		
	安全文明生产	生产规范，现场整洁	10		
合计			100		

项目六

搬运机构、物料传送机构和分拣机构的组装与调试

项目介绍

搬运机构、物料传送机构及分拣机构主要由加料站、机械手搬运装置、传送装置及分拣装置等组成。其中，加料站主要由出料口、物料检测支架、物料检测光电传感器等组成。机械手主要由气动手爪部件、提升气缸部件、手臂伸缩气缸部件、旋转气缸部件及固定支架等组成。传送装置主要由落料口、落料检测传感器、直线皮带输送线和三相异步电动机等组成。分拣装置由三组物料检测传感器、料槽、推料气缸及电磁阀阀组组成。各部分的功能及工作原理见项目二、项目三和项目五。YL—235A 设备实物如图 6-1 所示。

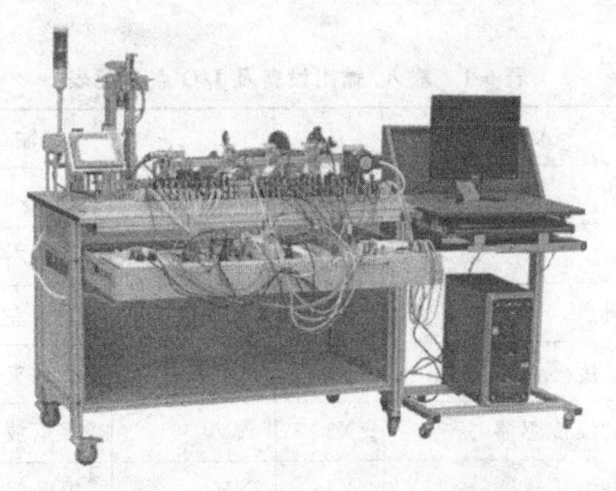

图 6-1　YL—235A 设备实物图

知识链接

1. 搬运机构、物料传送机构和分拣机构的 PLC 控制

搬运机构、物料传送机构和分拣机构主要实现对加料站出料口的物料进行搬运、输送，

并能根据物料性质进行分类存放的功能。

(1) 机械手复位功能：PLC通电，机械手手爪放松，手爪上升，手臂缩回，手臂左旋至左侧限位处。

(2) 启停控制：机械手复位后，按下启动按钮，机构开始工作。按下停止按钮，机构完成当前工作循环后停止。

(3) 搬运功能：系统启动后，若加料站出料口的物料检测传感器检测到有物料，机械手在左极限位手臂伸出；到位后，手爪在提升气缸带动下下降；到位后，手爪抓取物料并夹紧1s，提升臂上升；到位后，机械手臂缩回，在旋转气缸带动下向右旋转至极限位后停留2s，手臂伸出，手爪下降到位后停留0.5s，手爪放松，释放物料；到位后，提升臂缩回，手爪上升；到位后，机械手臂缩回，并左旋转至极限位置后，开始新的工作循环。

(4) 传送功能：当物料传送机构落料口传感器检测到物料时，三相异步电动机在变频器的驱动下，以30Hz的频率正转运行，向右侧输送物料。

(5) 分拣功能：

① 分拣金属物料。当电感式传感器检测到金属物料时，推料一气缸伸出，将它推入料槽一。气缸一伸出到位后，活塞杆缩回；缩回到位后，三相异步电动机停止运行。

② 分拣白色塑料物料。当光纤传感器检测到白色物料时，推料二气缸伸出，将它推入料槽二。气缸二伸出到位后，活塞杆缩回；缩回到位后，三相异步电动机停止运行。

③ 分拣黑色塑料物料。当光纤传感器检测到黑色物料时，推料三气缸伸出，将它推入料槽三。气缸三伸出到位后，活塞杆缩回；缩回到位后，三相异步电动机停止运行。

机构的PLC控制硬件接线原理图如图6-2所示，输入/输出设备及I/O点分配表如表6-1所示。

表6-1 输入/输出设备及I/O点分配表

输入			输出		
元件代号	功能	输入点	元件代号	功能	输出点
SB_1	启动按钮	X0	YV_1	手臂右旋	Y0
SB_2	停止按钮	X1	YV_2	手臂左旋	Y2
SCK_1	气动手爪传感器	X2	YV_3	手爪夹紧	Y4
SQP_1	旋转左限位传感器	X3	YV_4	手爪放松	Y5
SQP_2	旋转右限位传感器	X4	YV_5	提升气缸下降	Y6
SCK_2	气动手臂伸出传感器	X5	YV_6	提升气缸上升	Y7
SCK_3	气动手臂缩回传感器	X6	YV_7	伸缩气缸伸出	Y10
SCK_4	手爪提升限位传感器	X7	YV_8	伸缩气缸缩回	Y11
SCK_5	手爪下降限位传感器	X10	YV_9	驱动推料一伸出	Y12

续表

输　入			输　出		
元件代号	功　能	输入点	元件代号	功　能	输出点
SQP_3	物料检测光电传感器	X11	YV_{10}	驱动推料二伸出	Y13
SCK_6	推料一气缸伸出限位传感器	X12	YV_{11}	驱动推料三伸出	Y14
SCK_7	推料一气缸缩回限位传感器	X13	STF(RL)	变频器低速及正转	Y20
SCK_8	推料二气缸伸出限位传感器	X14			
SCK_9	推料二气缸缩回限位传感器	X15			
SCK_{10}	推料三气缸伸出限位传感器	X16			
SCK_{11}	推料三气缸缩回限位传感器	X17			
SQP_4	启动推料一传感器	X20			
SQP_5	启动推料二传感器	X21			
SQP_6	启动推料三传感器	X22			
SQP_7	落料口检测光电传感器	X23			

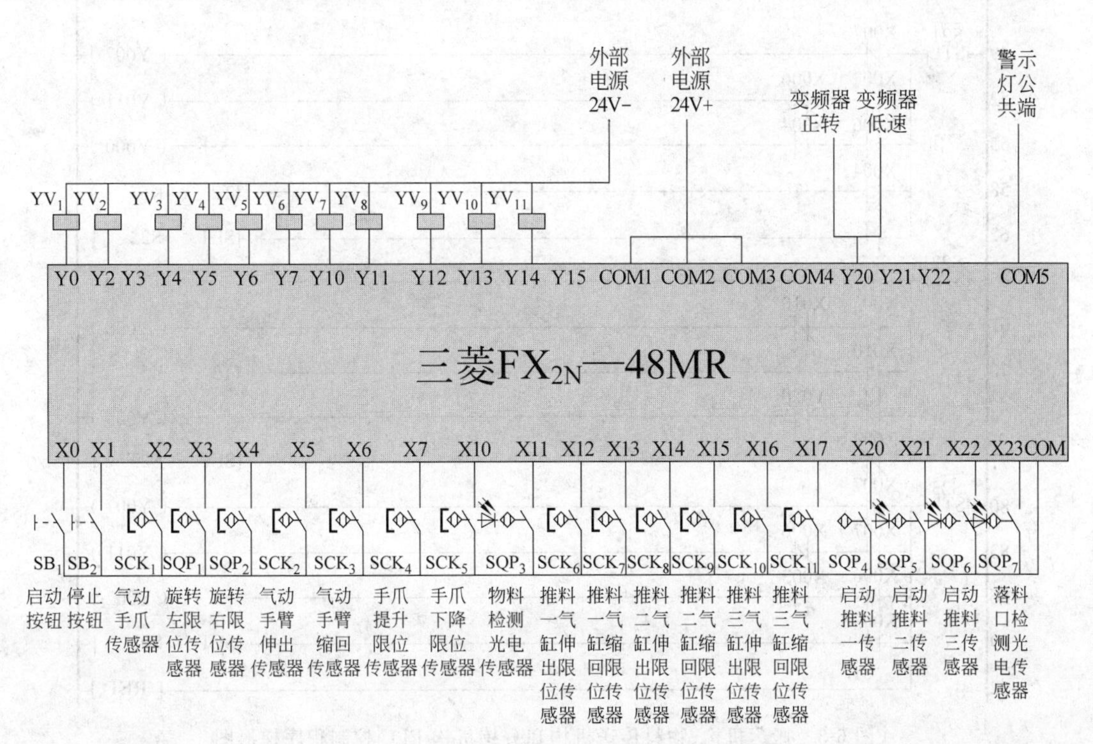

图 6-2　机构的 PLC 控制硬件接线原理图

搬运机构、物料传送机构和分拣机构的 PLC 控制程序梯形图如图 6-3 所示。

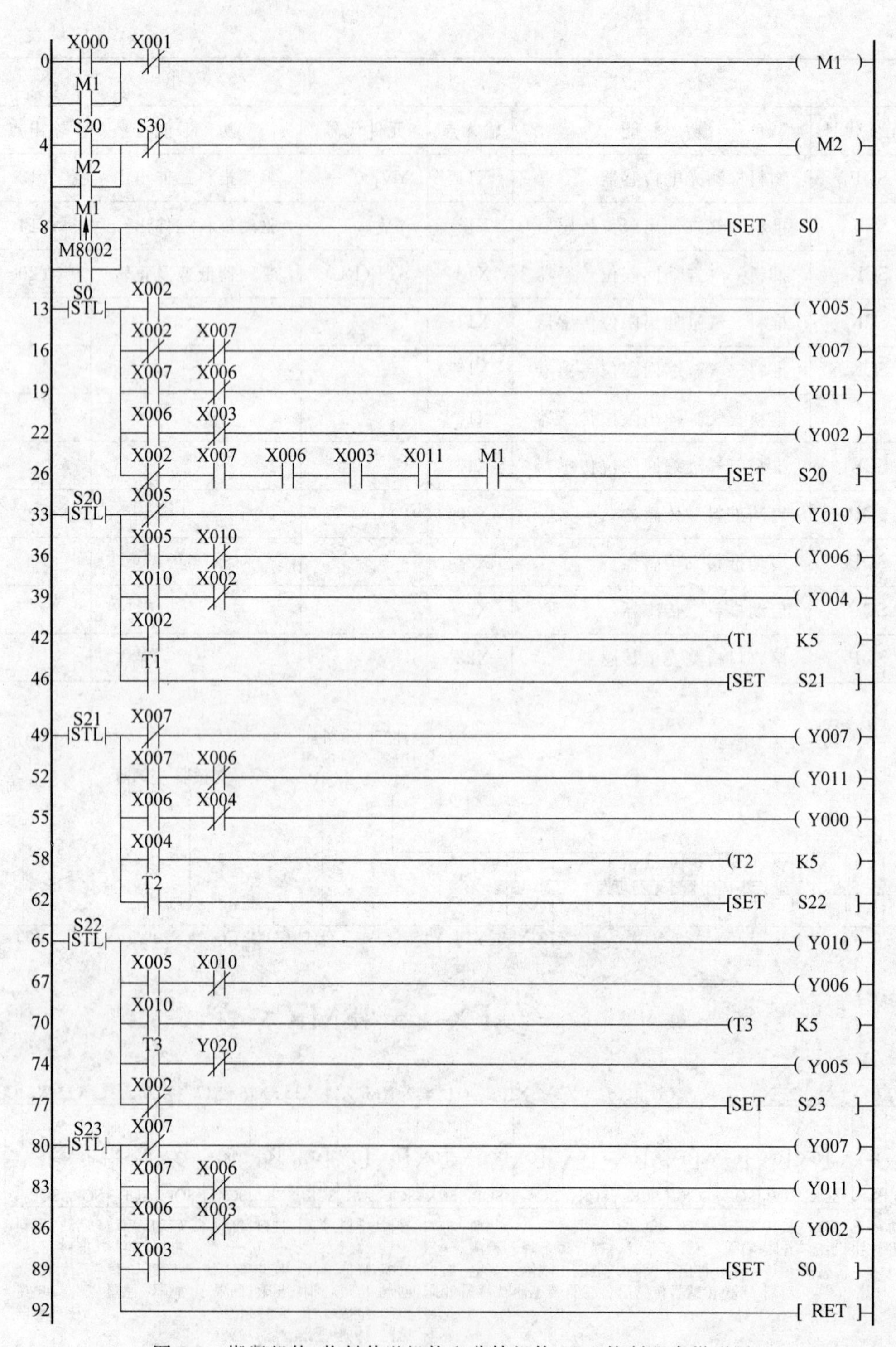

图 6-3　搬运机构、物料传送机构和分拣机构 PLC 控制程序梯形图

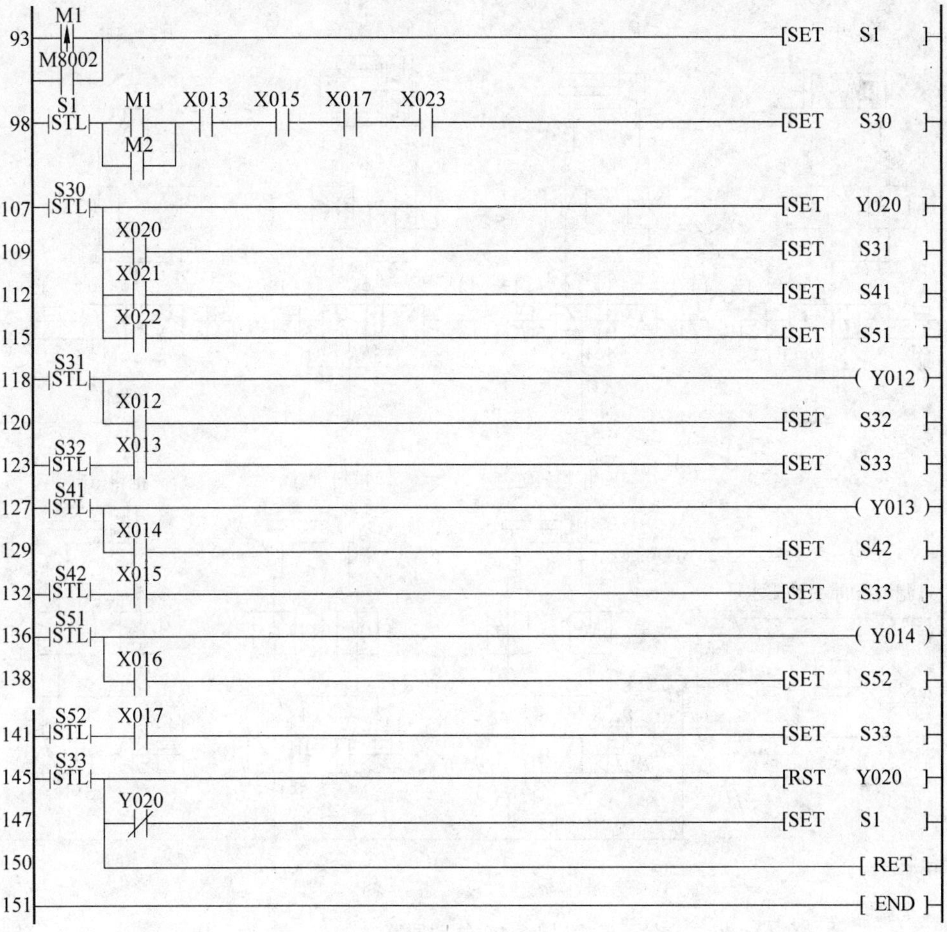

```
93   M1(↑) / M8002 ---------------------------- [SET S1]
98   S1 STL -- M1 / M2 -- X013 -- X015 -- X017 -- X023 -- [SET S30]
107  S30 STL ---------------------------------- [SET Y020]
109       X020 -------------------------------- [SET S31]
112       X021 -------------------------------- [SET S41]
115       X022 -------------------------------- [SET S51]
118  S31 STL ---------------------------------- (Y012)
120       X012 -------------------------------- [SET S32]
123  S32 STL -- X013 -------------------------- [SET S33]
127  S41 STL ---------------------------------- (Y013)
129       X014 -------------------------------- [SET S42]
132  S42 STL -- X015 -------------------------- [SET S33]
136  S51 STL ---------------------------------- (Y014)
138       X016 -------------------------------- [SET S52]
141  S52 STL -- X017 -------------------------- [SET S33]
145  S33 STL ---------------------------------- [RST Y020]
147       Y020(NC) ---------------------------- [SET S1]
150  ------------------------------------------ [RET]
151  ------------------------------------------ [END]
```

图　6-3(续)

2. 搬运机构、物料传送机构和分拣机构的气动控制

气路回路中的控制元件分别是 4 个 2 位 5 通双控电磁换向阀、3 个 2 位 5 通单控电磁换向阀及 14 个节流阀；气动执行元件分别是提升气缸、伸缩气缸、旋转气缸、气动手爪及 3 个推料气缸。气动回路如图 6-4 所示。

组装与调试

1. 训练目标

认识组成该项目的零部件，熟练掌握装调工具的使用，确保在定额时间内完成该项目机械部分、传感器及电路的安装与调试，气路的安装与调试，然后输入 PLC 程序并调试。

2. 训练要求

(1) 熟悉该项目各部分的功能及结构组成。
(2) 根据安装图纸装调该项目的机械部分和传感器。

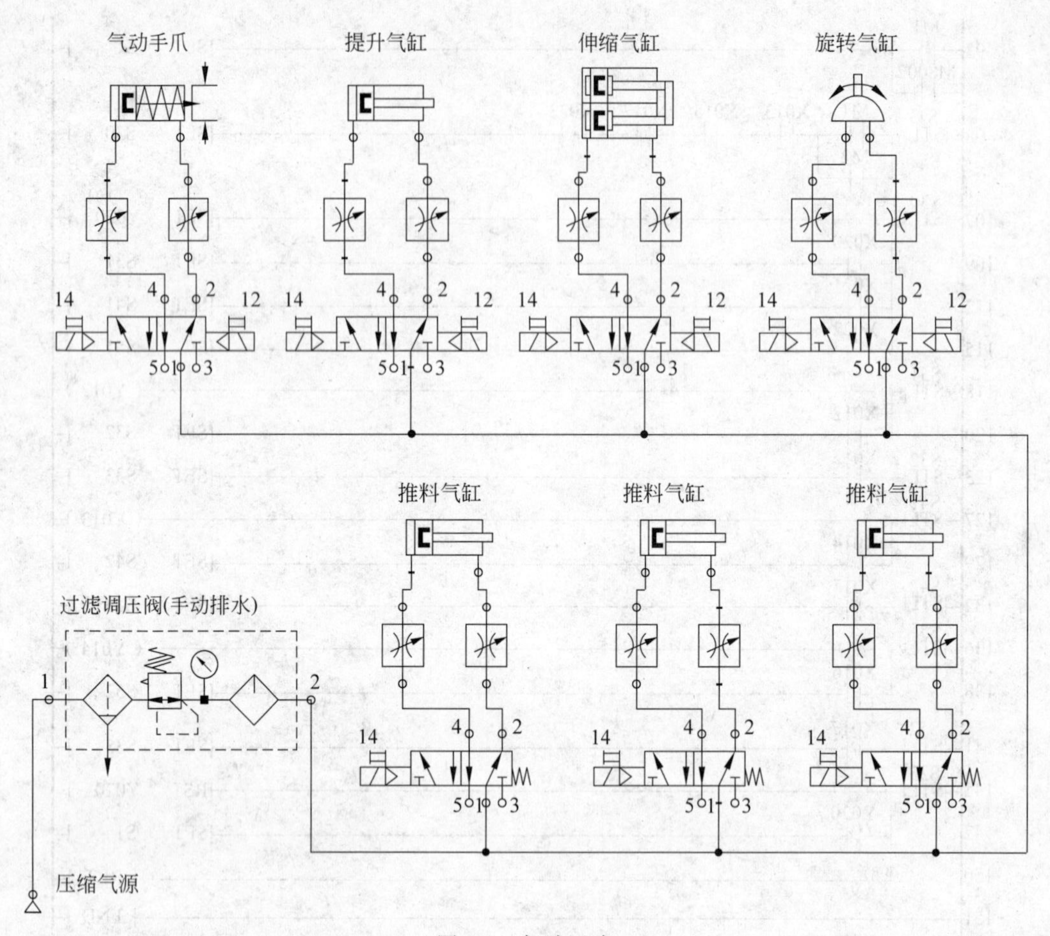

图 6-4 气动回路

（3）根据气路图连接好气路。

（4）根据接线图连接好电路，输入 PLC 程序并调试。

3. 搬运机构、物料传送机构和分拣机构的组装与调试准备

组装与调试工作计划如表 6-2 所示。

表 6-2 组装与调试工作计划

步骤	内 容	计划时间	实际时间	完成情况
1	阅读设备技术文件			
2	机械部分装配、调试			
3	传感器装配、调试			
4	电路连接、检查			
5	气路连接、检查			
6	PLC 程序输入			
7	按质量要点检查整个设备			

续表

步骤	内　容	计划时间	实际时间	完成情况
8	设备联机调试			
9	如必要，排除故障			
10	清理现场，整理技术文件			
11	设备验收评估			

所需零件清单请参照项目二、项目三、项目五。装调工具清单如表 6-3 所示。

表 6-3　装调工具清单

序号	名　称	型号规格	单位	数量
1	斜口钳	6 寸	把	1
2	尖嘴钳	6 寸	把	1
3	剥线钳	140mm	把	1
4	内六角扳手	PM—C9	套	1
5	螺钉旋具	“一”字，“十”字	把	1,1
6	钟表螺钉旋具	YY006—C1	套	1
7	万用表	MF47	只	1

装配示意图如图 6-5 所示。

4. 搬运机构、物料传送机构和分拣机构的组装与调试

参照项目二、项目三和项目五实施组装与调试。

5. 运行记录及故障分析

调试过程中仔细观察执行机构的运动，并分析判断故障形成的原因，填写调试运行记录表（见表 6-4）和评分表（见表 6-5）。

表 6-4　调试运行记录表

步骤	操作过程	设备实现的功能	不能实现原因分析
1	PLC 上电		
2	上料站放入金属物料		
3	机械手释放物料		
4	物料传送至电感式传感器		
5	上料站放入白色塑料物料		
6	机械手释放物料		
7	物料传送至光纤传感器一		
8	上料站放入黑色塑料物料		
9	机械手释放物料		
10	物料传送至光纤传感器二		
11	重新加料，按下停止按钮 SB_2，机构完成当前工作循环后停止工作		

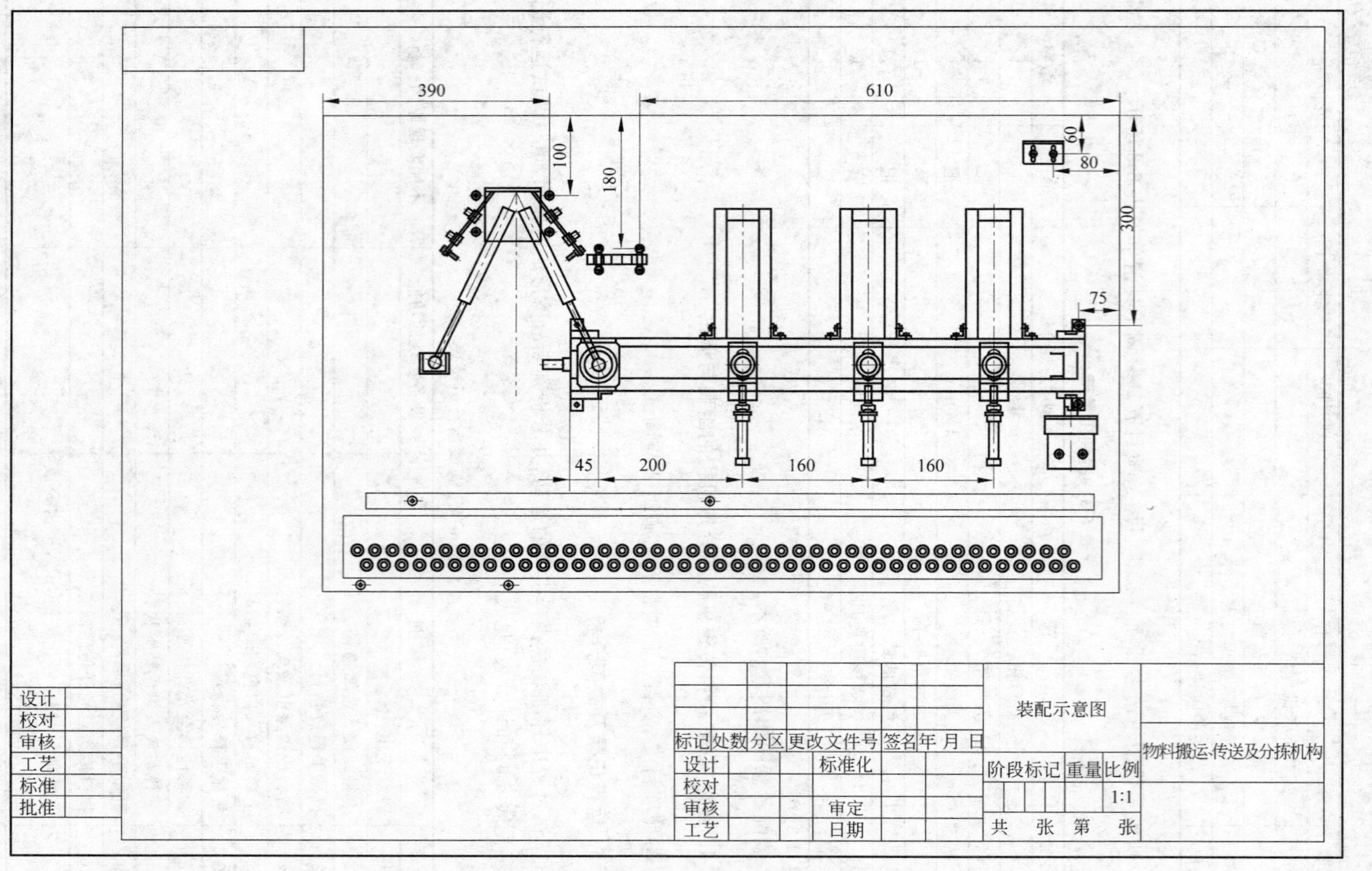

图 6-5 搬运机构、物料传送机构和分拣机构装配示意图

表 6-5　评分表

训练项目	训练内容	训 练 要 求	配分	评　价	
				学生自评	教师评分
机构安装与调试	设备安装	部件安装可靠,位置准确;部件衔接到位,不松动	40		
	电路安装	安装正确,接线规范;布线整齐,导线入槽	20		
	设备功能	能正确实现相关功能;警示灯动作及报警正常	30		
	安全文明生产	生产规范,现场整洁	10		
合　计			100		

项目七

YL—235型光机电设备的组装与调试

项目介绍

YL—235A 型光机电设备主要由物料料盘、出料口、机械手、传送带及分拣装置等组成，各部分的功能及工作原理见项目一、项目二、项目三和项目五。该设备是送料机构、机械手搬运机构、物料传送及分拣机构的组合，要求物料料盘、出料口、机械手及传送带落料口之间衔接准确，安装尺寸误差要小，以保证送料机构平稳送料，以及机械手准确抓料、放料。YL—235A 型设备实物如图 6-1 所示。

知识链接

1. YL—235 型光机电设备的 PLC 控制

(1) 起停控制：按下启动按钮，设备开始工作，机械手复位→手爪放松→手爪上伸→手臂缩回→手臂左旋至限位处停止。按下停止按钮，系统完成当前工作循环后停止。

(2) 送料功能：设备启动后，送料机构开始检测物料支架上的物料，警示灯绿灯闪烁。若无物料，PLC 便启动送料电动机工作，驱动页扇旋转。物料在页扇推挤下，从放料转盘中移至出料口。当物料检测传感器检测到物料时，电动机停止旋转。若送料电动机运行 10s 后，物料检测传感器仍未检测到物料，说明料盘内已无物料，此时机构停止工作并报警，警示灯红灯闪烁。

(3) 搬运功能：送料机构出料口有物料，机械手臂伸出→手爪下降→手爪夹紧抓物→0.5s 后，手爪上升→手臂缩回→手臂右旋→0.5s 后，手臂伸出→手爪下降→0.5s 后，若传送带上无物料，则手爪放松、释放物料→手爪上升→手臂缩回→左旋至左侧限位处停止。

(4) 传送功能：当输送带入料口的光电传感器检测到物料时，变频器启动，驱动三相交流异步电机以 25Hz 的频率正转运行，传送带开始传送物料。当物料分拣完毕时，传送带停止运转。

(5) 分拣功能：

① 分拣金属物料。当电感式传感器检测到金属物料时，推料一气缸伸出，将它推入料槽一。气缸缩回到位后，传送带停止运行。

② 分拣白色塑料物料。当光纤传感器检测到白色物料时，推料二气缸伸出，将它推入料槽二。气缸缩回到位后，传送带停止运行。

③ 分拣黑色塑料物料。当光纤传感器检测到黑色物料时，推料三气缸伸出，将它推入料槽三。气缸缩回到位后，传送带停止运行。

YL—235 型光机电设备的 PLC 控制硬件接线原理图如图 7-1 所示，输入/输出设备及 I/O 点分配表如表 7-1 所示。

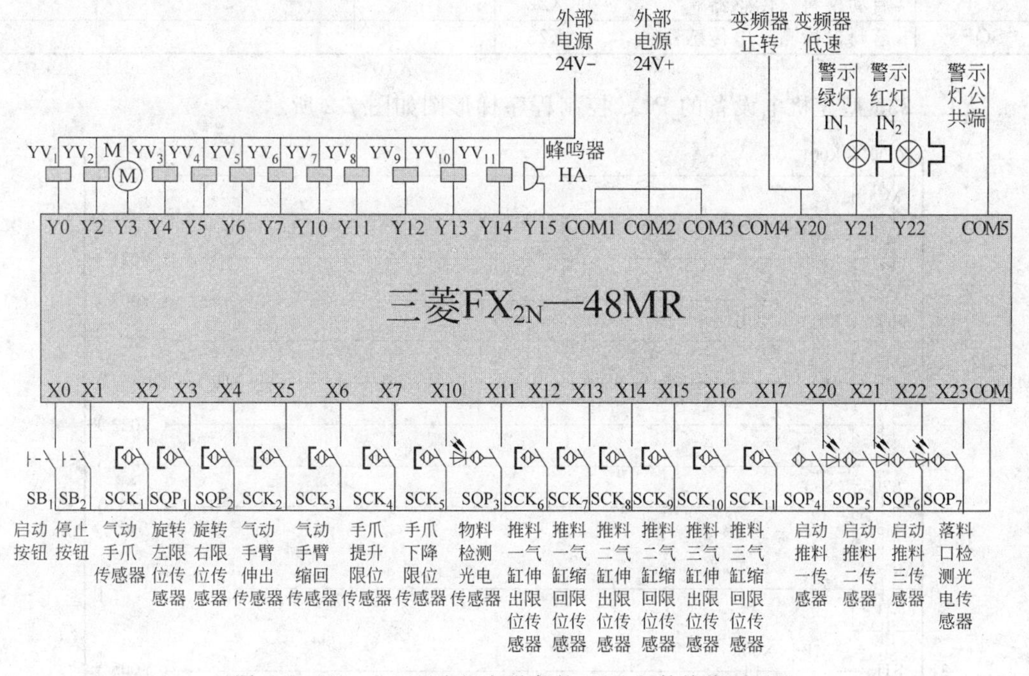

图 7-1　YL—235 型光机电设备的 PLC 硬件接线原理图

表 7-1　输入/输出设备及 I/O 点分配表

输　入			输　出		
元件代号	功　能	输入点	元件代号	功　能	输出点
SB_1	启动按钮	X0	YV_1	手臂右旋	Y0
SB_2	停止按钮	X1	YV_2	手臂左旋	Y2
SCK_1	气动手爪传感器	X2	M	转盘电动机	Y3
SQP_1	旋转左限位传感器	X3	YV_3	手爪夹紧	Y4
SQP_2	旋转右限位传感器	X4	YV_4	手爪放松	Y5
SCK_2	气动手臂伸出传感器	X5	YV_5	提升气缸下降	Y6
SCK_3	气动手臂缩回传感器	X6	YV_6	提升气缸上升	Y7
SCK_4	手爪提升限位传感器	X7	YV_7	伸缩气缸伸出	Y10
SCK_5	手爪下降限位传感器	X10	YV_8	伸缩气缸缩回	Y11
SQP_3	物料检测光电传感器	X11	YV_9	驱动推料一气缸伸出	Y12
SCK_6	推料一气缸伸出限位传感器	X12	YV_{10}	驱动推料二气缸伸出	Y13
SCK_7	推料一气缸缩回限位传感器	X13	YV_{11}	驱动推料三气缸伸出	Y14
SCK_8	推料二气缸伸出限位传感器	X14	HA	蜂鸣器	Y15
SCK_9	推料二气缸缩回限位传感器	X15	STF(RL)	变频器低速及正转	Y20

续表

输　入			输　出		
元件代号	功　能	输入点	元件代号	功　能	输出点
SCK_{10}	推料三气缸伸出限位传感器	X16	IN_1	警示灯绿灯	Y21
SCK_{11}	推料三气缸缩回限位传感器	X17	IN_2	警示灯红灯	Y22
SQP_4	启动推料一传感器	X20			
SQP_5	启动推料二传感器	X21			
SQP_6	启动推料三传感器	X22			
SQP_7	落料口检测光电传感器	X23			

YL—235 型光机电设备的 PLC 控制程序梯形图如图 7-2 所示。

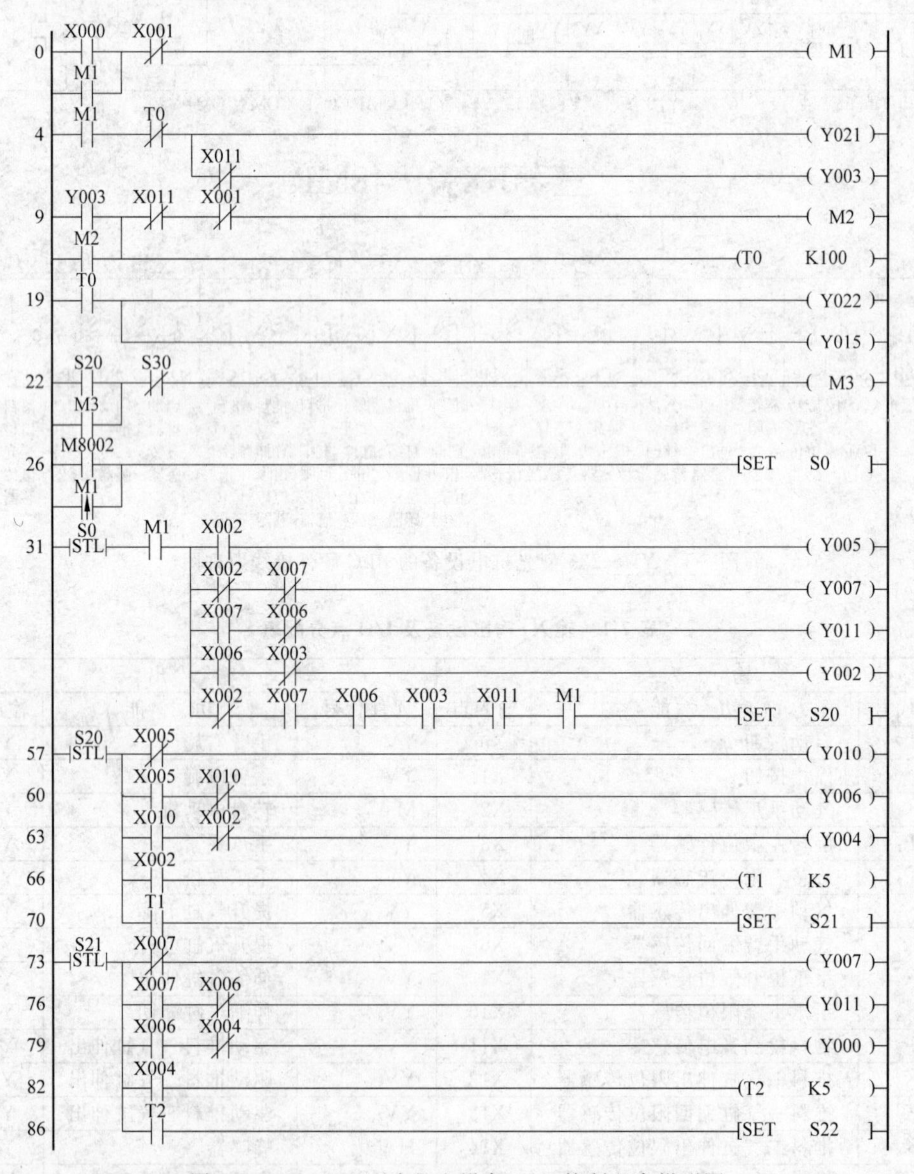

图 7-2　YL—235 型光机电设备 PLC 控制程序梯形图

```
 89  S22 STL ─────────────────────────────── ( Y010 )
 91      X005  X010(常闭) ─────────────────── ( Y006 )
 94      X010 ──────────────────────────────  (T3   K5 )
 98      T3    Y020(常闭) ─────────────────── ( Y005 )
101      X002(常闭) ───────────────────────── [SET  S23 ]
104  S23 STL  X007(常闭) ──────────────────── ( Y007 )
107      X007  X006(常闭) ─────────────────── ( Y011 )
110      X006  X003(常闭) ─────────────────── ( Y002 )
113      X003 ──────────────────────────────  [SET  S0 ]
116      ─────────────────────────────────── [ RET ]
117  M8002 ─┬──────────────────────────────  [SET  S1 ]
     M1(↑) ─┘
122  S1 STL  M1 ─┬─ X013  X015  X017  X023 ── [SET  S30 ]
             M3 ─┘
131  S30 STL ─────────────────────────────── [SET  Y020 ]
133      X020 ──────────────────────────────  [SET  S31 ]
136      X021 ──────────────────────────────  [SET  S41 ]
139      X022 ──────────────────────────────  [SET  S51 ]
142  S31 STL ─────────────────────────────── ( Y012 )
144      X012 ──────────────────────────────  [SET  S32 ]
147  S32 STL  X013 ───────────────────────── [SET  S33 ]
151  S41 STL ─────────────────────────────── ( Y013 )
153      X014 ──────────────────────────────  [SET  S42 ]
156  S42 STL  X015 ───────────────────────── [SET  S33 ]
160  S51 STL ─────────────────────────────── ( Y014 )
162      X016 ──────────────────────────────  [SET  S52 ]
165  S52 STL  X017 ───────────────────────── [SET  S33 ]
169  S33 STL ─────────────────────────────── [RST  Y020 ]
171      Y020(常闭) ───────────────────────── [SET  S1 ]
174      ─────────────────────────────────── [ RET ]
175  ─────────────────────────────────────── [ END ]
```

图　7-2(续)

2. YL—235 型光机电设备的气动控制

气路回路中的控制元件分别是 4 个 2 位 5 通双控电磁换向阀、3 个 2 位 5 通单控电磁换向阀及 14 个节流阀；气动执行元件分别是提升气缸、伸缩气缸、旋转气缸、气动手爪及 3 个推料气缸。气动回路如图 7-3 所示。

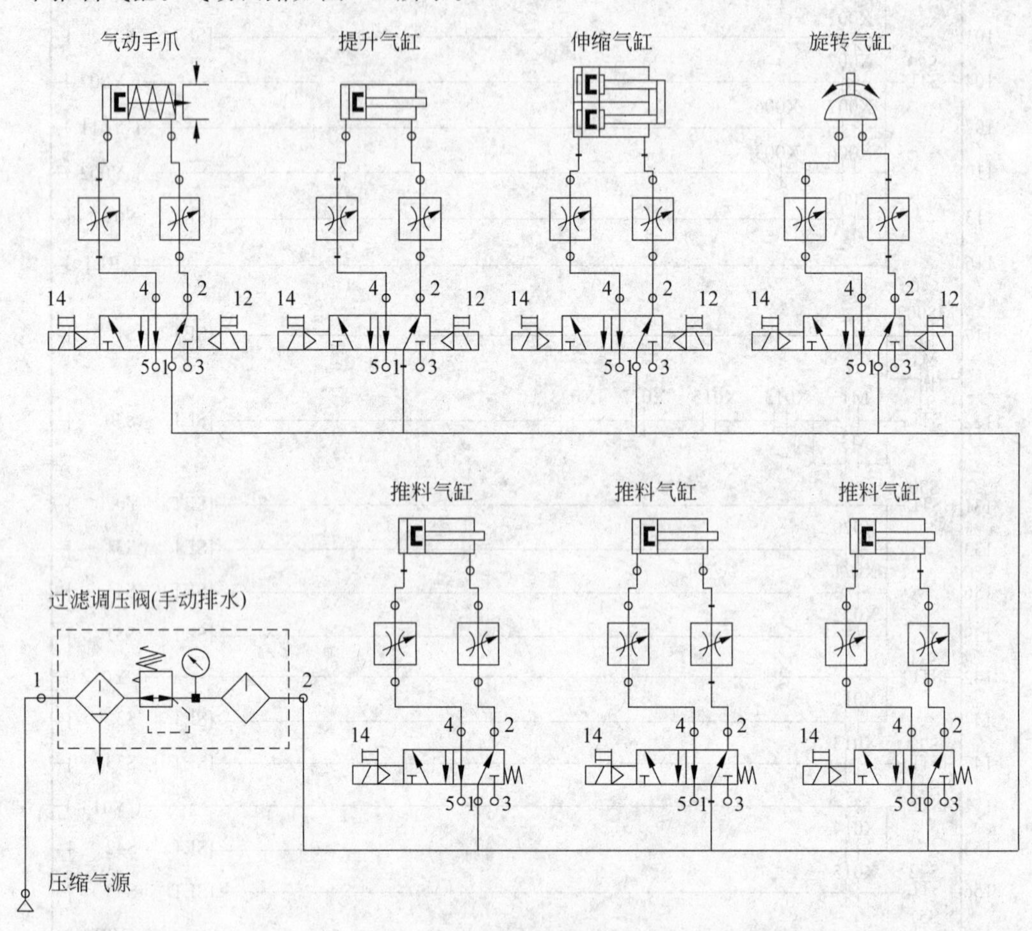

图 7-3　气动回路

组装与调试

1. 训练目标

认识组成该项目的零部件，熟练掌握装调工具的使用，确保在定额时间内完成该项目机械部分、传感器及电路的安装与调试，气路的安装与调试，然后输入 PLC 程序并调试。

2. 训练要求

（1）熟悉该项目各部分的功能及结构组成。

(2) 根据安装图纸装调该项目的机械部分和传感器。

(3) 根据气路图连接好气路。

(4) 根据接线图连接好电路，并输入 PLC 程序并调试。

3. YL—235 型光机电设备的组装与调试准备

组装与调试工作计划表如表 7-2 所示。

表 7-2　组装与调试工作计划表

步骤	内　容	计划时间	实际时间	完成情况
1	阅读设备技术文件			
2	机械部分装配、调试			
3	传感器装配、调试			
4	电路连接、检查			
5	气路连接、检查			
6	PLC 程序输入			
7	按质量要点检查整个设备			
8	设备联机调试			
9	如必要，排除故障			
10	清理现场，整理技术文件			
11	设备验收评估			

YL—235A 型光机电设备的零件清单参照项目一、项目二、项目三和项目五。

YL—235 型光机电设备的装调工具清单如表 7-3 所示。

表 7-3　装调工具清单

序号	名　称	型 号 规 格	单位	数量
1	斜口钳	6 寸	把	1
2	尖嘴钳	6 寸	把	1
3	剥线钳	140mm	把	1
4	内六角扳手	PM—C9	套	1
5	螺钉旋具	“一”字，“十”字	把	1,1
6	钟表螺钉旋具	YY006—C1	套	1
7	万用表	MF47	只	1

YL—235A 型装配示意图如图 7-4 所示。

4. YL—235 型光机电设备的组装与调试

参照项目一、项目二、项目三和项目五实施组装与调试。

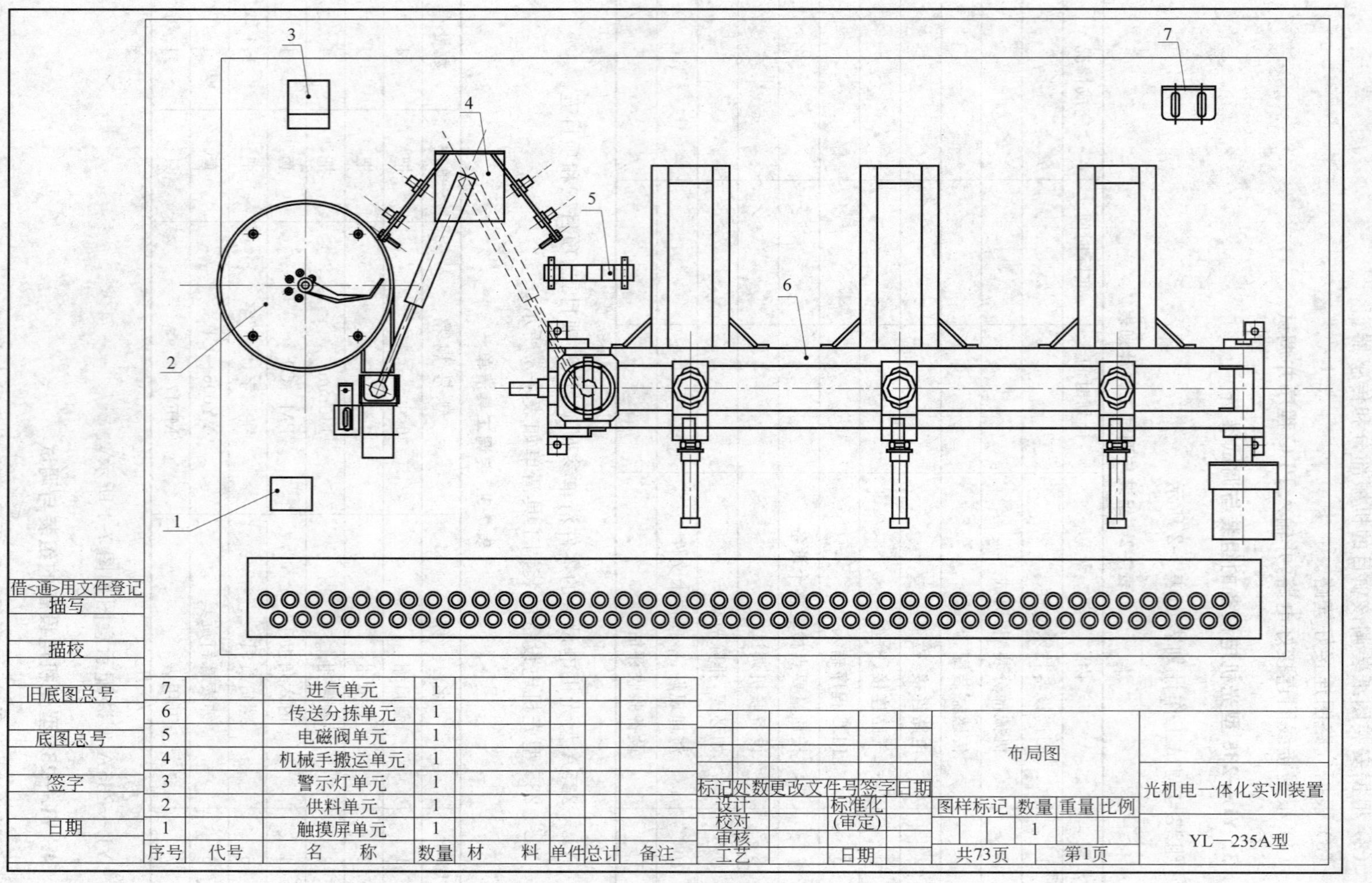

图 7-4 YL—235A 型装配示意图

5. 运行记录及故障分析

调试过程中仔细观察执行机构的运动，并分析判断故障形成的原因，填写调试运行记录表(见表7-4)和评分表(见表7-5)。

表 7-4　调试运行记录表

步骤	操作过程	设备实现的功能	不能实现原因分析
1	按下启动按钮		
2	10s后无料		
3	出料口有物料		
4	机械手释放物料(金属)		
5	物料出送至电感检测传感器		
6	机械手释放物料(白色物料)		
7	物料出送至光纤传感器		
8	机械手释放物料(黑色物料)		
9	物料出送至光纤传感器		
10	按下停止按钮，机构完成当前工作循环后停止工作		

表 7-5　评分表

训练项目	训练内容	训练要求	配分	评价	
				学生自评	教师评分
该机构安装与调试	设备安装	部件安装可靠，位置准确；部件衔接到位，不松动	40		
	电路安装	安装正确，接线规范；布线整齐，导线入槽	20		
	设备功能	能正确实现相关功能；警示灯动作及报警正常	30		
	安全文明生产	生产规范，现场整洁	10		
合计			100		

第二篇

机电设备装调考级训练

项目八

物料搬运、分拣及组合设备的组装与调试（一）

本次组装与调试的机电一体化设备为分装机。请你仔细阅读分装机的说明，理解应完成的工作任务与要求，完成指定的工作。

在 YL—235A 设备上按要求完成下列任务。

(1) 按分拣机构设备组装图及要求和说明，在铝合金工作台上组装××生产设备(如图 8-1 所示)。

(2) 按分拣机构气动系统图及要求和说明，连接××生产设备的气路(如图 8-3 所示)。

(3) 仔细阅读××生产设备的有关说明，然后根据对于设备及其工作过程的理解，画出××生产设备的电气原理图。

(4) 根据画出的电气原理图，连接××生产设备的电路。电路的导线必须放入线槽。

(5) 请正确理解设备的正常工作过程和故障状态的处理方式，编写××生产设备的 PLC 控制程序并设置变频器的参数。

(6) 调整传感器的位置和灵敏度，以及机械零件的位置，完成××生产设备的整体调试，使该设备能正常工作，完成工件的生产、分拣和组合。

组装与调试

1. ××生产设备情况简介

××生产设备(以下简称生产设备)由送料系统、气动机械手、皮带输送机等部件组成。工件有三种：金属件、白色塑料和黑色塑料。各部件和一些主要元件的安装位置如图 8-1 所示，气动机械手各部分名称如图 8-2 所示。

2. 部件的初始位置及各元件的检查

1) 初始位置要求

在设备第一次开机后，如果各气缸不在指定位置，按下 SB_5，系统自动复位。复位的要求是：对于机械手，爪放松，上升到限位，缩回到限位，右摆到限位；对于三个推杆气缸，

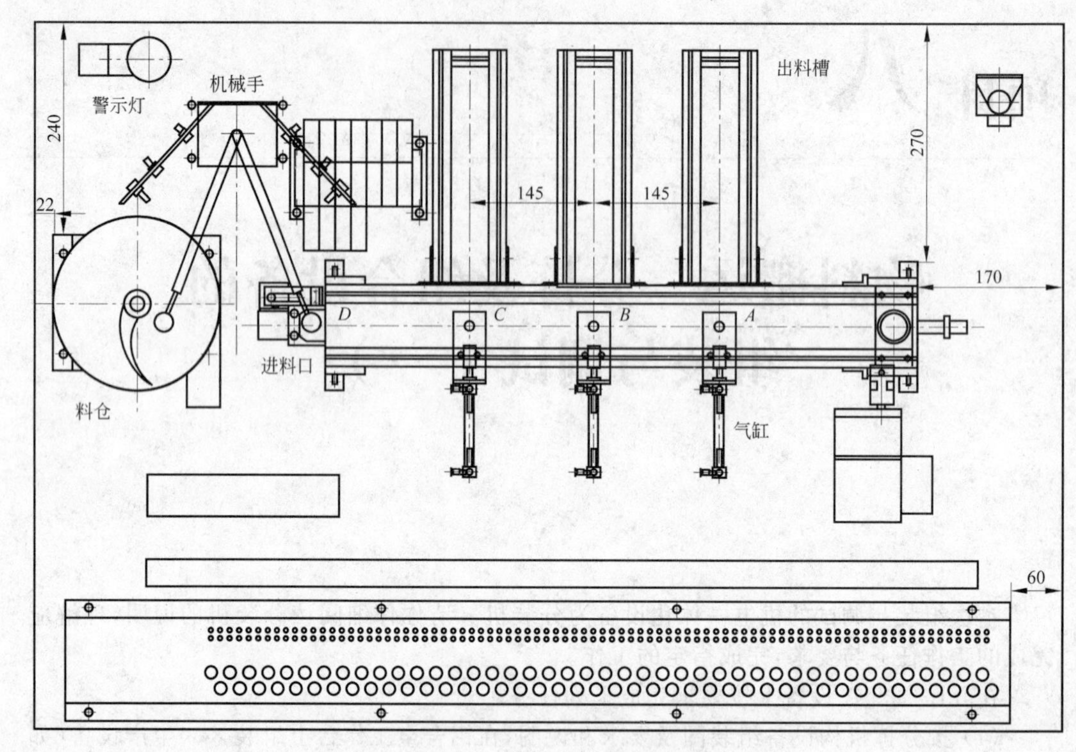

图 8-1 安装位置示意图

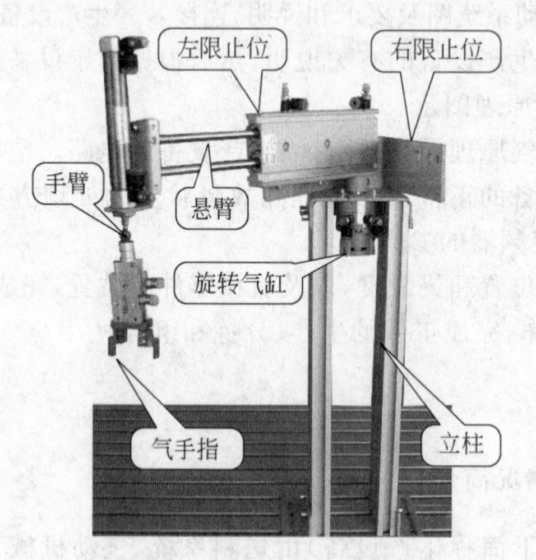

图 8-2 机械手各部分名称

处于收回状态。

2）选择工作方式

当以上各气缸处于指定状态后，通过按 SB_4 的次数选择设备的工作方式。

（1）按 1 次：工作方式一；

（2）按 2 次：工作方式二；

（3）按 3 次：工作方式三。

(4) 再按，回到工作方式一。

分别用 HL_1、HL_2、HL_3 的发光表示工作方式一、二、三。只有在设备正常停车时才能改变工作方式；在设备已经进入某种工作方式或因故障停车时，不允许改变工作方式。

3. 设备运行

1) 工作方式一：设备的自检

(1) 启动：在设备正常停车状态下选择工作方式一后，长按 SB_5 3s 后，设备自动进入自检状态，工作指示灯 HL_1 长亮，HL_2 及 HL_3 熄灭。

(2) 工作要求：自检的动作流程为：爪加紧→爪放松→手下降→手上升→臂伸出→臂收回→右摆→左摆→推 A 伸出→推 A 缩回→推 B 伸出→推 B 缩回→推 C 伸出→推 C 缩回。以上每一动作停留的时间均为 1s。

(3) 停车：当以上动作完成后，自动停车，HL_1 熄灭。停车后，可以改变工作方式，或再进行自检。

(4) 非正常情况的处理：如果自检过程中，任一动作在发出指令后超过了 3s 未能动作，则 HL_1 按 1Hz 的频率闪烁，并且由蜂鸣器发出两短一长的声音报警(两短：响 0.1s 停 0.1s；一长：响 1s 停 1s)，机器自动停车，等工作人员查明原因并排除故障后，按下 SB_5 自动执行下一步自检动作。

2) 工作方式二：毛坯的粗加工与精加工

(1) 启动：在设备正常停车状态下选择工作方式二后，按下 SB_5，设备进入元件的加工工序，工作指示灯 HL_2 长亮，HL_1 及 HL_3 熄灭。

(2) 工作要求：设备启动后，皮带机按低速 15Hz 的速度从 A→C 方向运行，蜂鸣器发出一次 0.1s 的声音，提示可以放入毛坯。当检测到有毛坯从入料口处放入后，皮带按中速 20Hz 的速度运行；所放入的毛坯送到 C 处后进行粗加工，加工时间为 2s。粗加工完成后的工件若为金属，则将工件送到 A 处，再进行 1s 的精加工；若为白色塑料，则将工件送到 B 处，再进行 2s 的精加工；若为黑色塑料，则将工件送到 D 处，由机械手将工件夹送到物料接收盘后，机械手恢复原处。工件被送入指定的位置后，皮带继续按低速运行，蜂鸣器继续提示放料。

(3) 停车：按下 SB_6 后，在当前工件被送到指定位置后，自动停车，HL_2 熄灭；如果当前皮带上没有工件在加工，则直接停车。停车后，按下 SB_5 可再次启动。

(4) 特殊情况处理：当蜂鸣器发出送料提示后，若 5s 没有放入物料，则 HL_2 变为 4Hz 闪烁，并且蜂鸣器发出 1Hz 的声音提示赶快放入物料；若 10s 后仍未放入，则自动停车。若 10s 内有物料放入，则设备继续运行，HL_2 正常发光，蜂鸣器停止声响。

3) 工作方式三：工件的组装

(1) 启动：在设备正常停车状态下选择工作方式三后，按下 SB_5，设备进入元件的工件组装工序，工作指示灯 HL_3 长亮，HL_1 及 HL_2 熄灭。

(2) 工作要求：设备启动后，皮带机按低速 15Hz 的速度从 A→C 方向运行，蜂鸣器发出两次间隔 0.1s 的声音提示可以放入毛坯。当检测到有毛坯从入料口处放入后，皮带按中速 20Hz 的速度运行。

(3) 组装方式：推入 A 料仓的总是第 1 个为黑色塑料，第 2 个是金属，第 3 个为白色塑料;推入 B 料仓的总是为 2 个白色塑料和 2 个金属的组合;送到 D 料盘的总是为 1 个金属与 1 个白色塑料的组合;不满足以上条件的,作为废料送入 C 料仓,废料的个数由 HL_4、HL_5、HL_6 三只指示灯用二进制方式显示。

(4) 停车:按下 SB_6 后,在当前工件被送到指定位置后,自动停车,HL_3 熄灭;但如果当前皮带上没有工件在加工,则直接停车。停车后,按下 SB_5 可再次启动。

(5) 特殊情况处理:当 A、B、D 三个料仓的任意一仓满一套物料时,机器自动停车,并由蜂鸣器发出两次 1s 的长鸣,提示工作人员将已满料仓中的套件取出。当工作人员取出套件后,按下 SB_5,设备又正常工作。当废料的个数超过 5 个时,自动停车,并且 HL_4、HL_5、HL_6 一起按 2Hz 的频率闪烁,等工作人员查明情况后,取走废料,然后按下 SB_5,继续工作,HL_4、HL_5、HL_6 又正常显示。

4. 气动系统图

气动系统图如图 8-3 所示。

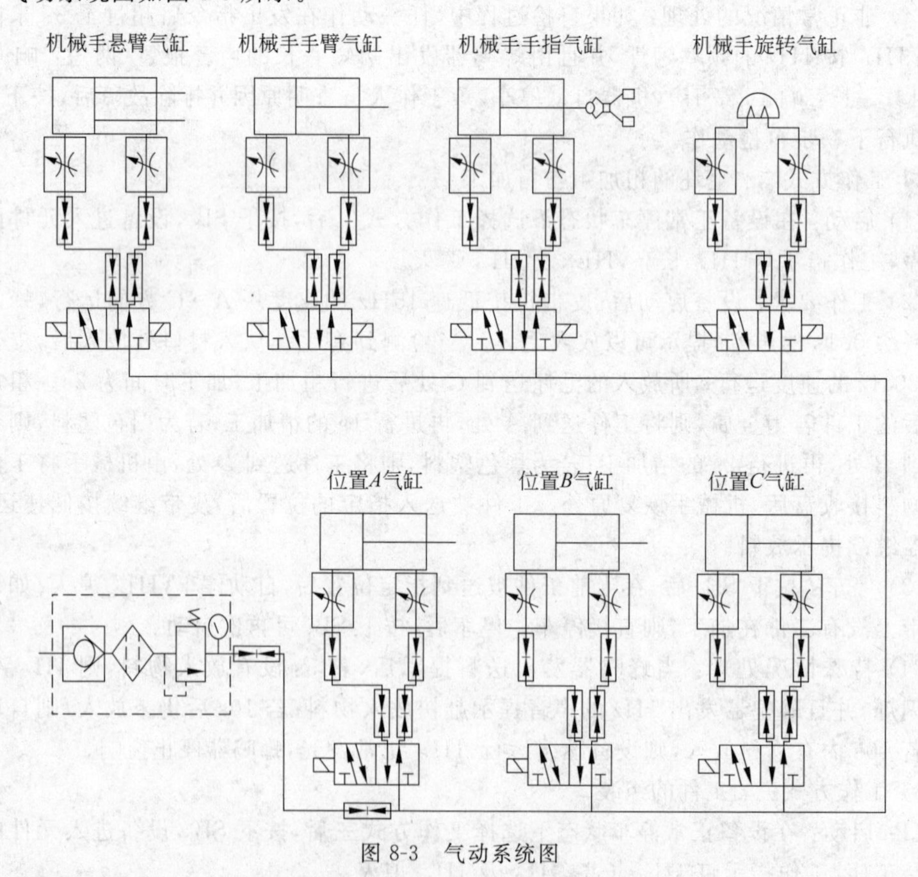

图 8-3 气动系统图

5. 要求和说明

(1) 以实训台左、右两端为尺寸的基准时,端面包括封口的硬塑盖。各处安装尺寸的误差不大于±1mm。

(2) 气动机械手的安装尺寸仅供参考，需要根据实际情况来调整，以机械手能从皮带输送机抓取工件并顺利搬运到处理盘中为准。

(3) 对于传感器的安装高度及检测灵敏度，均需根据生产要求进行调整。

填写功能调试部分评分表(见表 8-1)和组装及绘图部分评分表(见表 8-2)。

表 8-1　功能调试部分评分表

项目	评分点	配分	评 分 标 准	扣分	得分
运动部件检查	皮带输送机启动	2	不能启动，扣 1 分；启动困难，扣 0.5 分		
	皮带输送机高速运行	1	明显跳动，扣 0.5 分；皮带打滑，扣 0.5 分		
	机械手各气缸动作	1	气缸不能动作，每处扣 1 分；动作不迅速或明显撞击，每处扣 0.5 分		
	推料气缸动作	0.5	气缸不能动作，每处扣 0.5 分		
	操作熟练	0.5	操作不熟练，扣 0.5 分		
加工工序	金属毛坯加工	3	不能实现加工，每件扣 3 分；加工位置错误，每件扣 2 分；加工时间不对，每件扣 1 分；不能推入对应槽，每件扣 1 分		
	白色塑料毛坯加工	3			
	黑色塑料毛坯加工	3			
检测工序	有一个不合格零件	3	检测出不合格零件并能正确分送，每种情况扣 1 分；能检测，不能分送，每种情况扣 0.5 分		
	有两个不合格零件	6	1 金 1 白 2 黑、1 金 1 黑 2 白、1 白 1 黑 2 金，每种情况扣 2 分；合格品不能入对应的斜槽，或入错斜槽，每件扣 1 分；不合格品不能送到位置 *D*，每件扣 1 分		
	没有不合格零件	2	四个相同或两双相同零件检测，合格品不能入对应的斜槽，或入错斜槽，或误送往位置 *D*，各扣 1 分		
组装工序	*A* 位置入槽零件	6	零件不符合组合或排列要求，每件扣 2 分		
	B 位置入槽零件	6			
	C 位置入槽零件	1	不符合入 *A*、*B* 槽的金属件不能入 *C* 槽，扣 1 分		
	送 *D* 位置零件	1	不符合入 *A*、*B* 槽的塑料件不能送到位置 *D*，扣 1 分		
	数据保持	1	不能保持，扣 1 分		
各工序共性部分	工序设定、设备启动、设备停止	1	任一工序的设定，或设备启动，或设备停止不符合要求，扣 1 分		
	皮带运行频率	2	任一工序的皮带正、反运行频率不合要求，每处扣 1 分		
	电源指示、运行指示，报警器	1	电源指示，或任一工序的运行指示，或报警器工作不符合要求，扣 1 分		
	机械手动作	2	机械手不动作，扣 2 分；动作不符合要求，扣 1 分		
	处理盘动作	1	处理盘不符合要求，扣 1 分		
	机械手抓不住工件意外处理	2	压急停后不能停止在规定位置，扣 1 分；急停释放后不能继续运行，扣 1 分		
	工序转换错误操作处理	1	任一工序处理不合要求，扣 1 分；HL_2 指示不符合要求，扣 0.5 分		
总　　分		50			

表 8-2　组装及绘图部分评分表

项目	评　分　点	配分	评分标准	扣分	得分
部件组装	皮带输送机安装位置	4	安装尺寸每处每超差 1mm，扣 1 分		
	电机安装同轴度、皮带水平度	4	电机安装同轴度不好，扣 1 分；皮带机水平度不好，扣 1 分		
	机械手安装	8	安装尺寸每处每超差 1mm，扣 1 分		
	悬臂水平度与手臂竖直度	3	水平度或竖直度误差明显，每处扣 1 分		
	处理盘安装	3	安装尺寸每处每超差 1mm，扣 1 分		
	气源组件、电磁阀组安装	2	安装尺寸每处每超差 1mm，扣 1 分		
	警示灯安装	2	安装尺寸每处每超差 1mm，扣 1 分		
气路连接	电磁阀选择正确	4	每选错一个电磁阀，各扣 1 分		
	气路连接正确	5	连接错误，每处扣 2 分		
	气路连接牢固	2	接头漏气，每处扣 0.5 分		
	气路工艺规范，美观	2	气路走向不合理，扣 2 分；不美观，扣 1 分		
电路连接	电器元件选用正确	2	每选用错一个元件，各扣 1 分		
	电路连接正确	3	每错一处，各扣 1 分		
	连接工艺	3	不符合工艺要求，每处扣 0.5 分		
	套异形管及写线号	2	每少套一个线管，扣 1 分；有异形管，但未写线号，每处扣 0.5 分		
	保护接地	1	接地每少一处，各扣 0.5 分		
总　分		50			

说明：每小项扣分不能超过该小项的配分。

项目九

物料搬运、分拣及组合设备的组装与调试（二）

本次组装与调试的机电一体化设备为分装机。请你仔细阅读分装机的说明，理解应完成的工作任务与要求，完成指定的工作。

在 YL—235A 设备上按要求完成下列任务。

(1) 按分拣机构设备组装图及要求和说明，在铝合金工作台上组装××生产设备(如图 9-1 所示)。

(2) 按分拣机构气动系统图及要求和说明，连接××生产设备的气路。

(3) 仔细阅读××生产设备的有关说明，然后根据对于设备及其工作过程的理解，画出××生产设备的电气原理图。

(4) 根据画出的电气原理图，连接××生产设备的电路。电路的导线必须放入线槽。

(5) 请正确理解设备的正常工作过程和故障状态的处理方式，编写××生产设备的 PLC 控制程序并设置变频器的参数。

(6) 调整传感器的位置和灵敏度，以及机械零件的位置，完成××生产设备的整体调试，使该设备能正常工作，完成工件的生产、分拣和组合。

组装与调试

1. ××生产设备情况简介

××生产设备(以下简称生产设备)由送料系统、气动机械手、皮带输送机等部件组成。工件有 3 种：金属件、白色塑料和黑色塑料。各部件和一些主要元件的安装位置如图 9-1 所示，气动机械手各部分名称如图 8-2 所示。

2. 部件的初始位置及各元件的检查

1) 初始位置要求

在第一次送电时，机构无动作；按下 SB_5 后，机械手回到初始位置：爪松→手升→臂

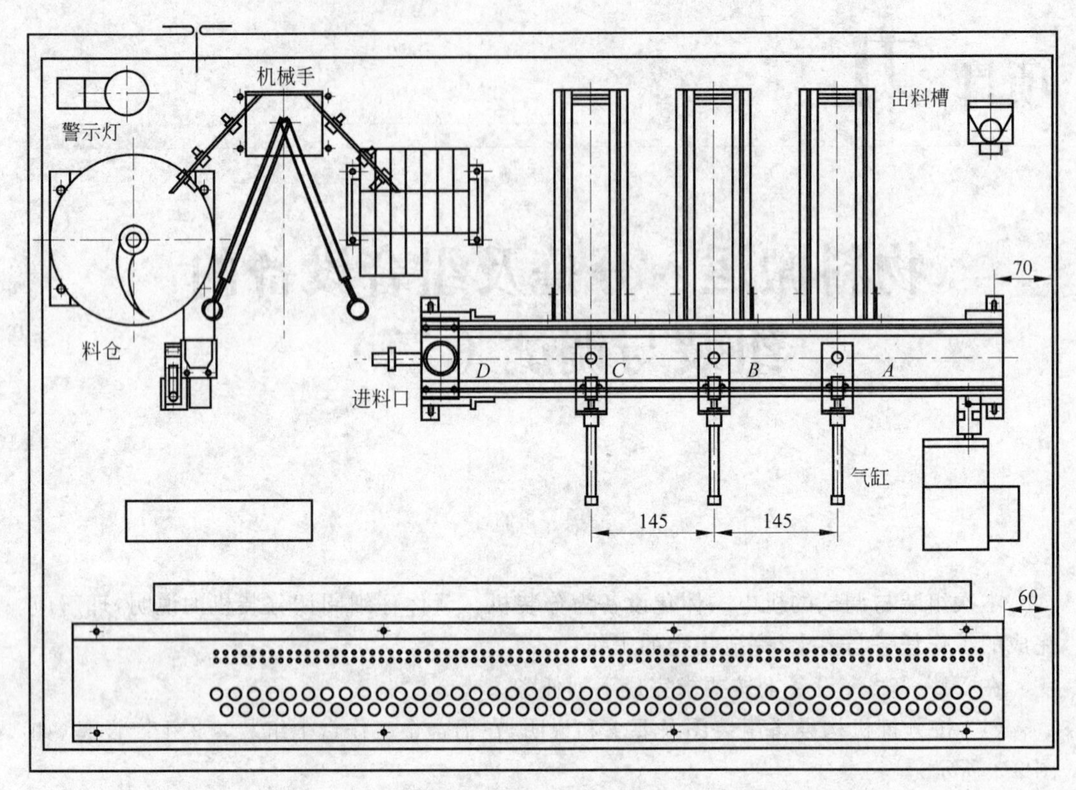

图 9-1　安装位置示意图

缩回→左摆限。当机械手复位后，推杆 A、B、C 分别推出 1s 后缩回，完成复位初检。

2）选择工作方式

当完成初始检测与复位后，用 SB_4 选择工作方式。

（1）按 1 次是选择工作方式一。

（2）按 2 次是选择工作方式二。

（3）按 3 次是选择工作方式三。

（4）再按：回到工作方式一。

并分别用 HL_1、HL_2、HL_3 的亮与灭单独表示工作方式。HL_1 亮为工作方式一；HL_2 亮为工作方式二；HL_3 亮为工作方式三。

工作方式选好后，按下 SB_5，机器启动。对于皮带转速，低速 18Hz，中速 28Hz，高速 35Hz。

3. 设备运行

1）工作方式一：工件加工

（1）启动：按下 SB_5 后，皮带机按低速 $A \to C$ 运行。送料电机工作，HL_1 亮，HL_2、HL_3 灭。

（2）工作要求：

① 当料台检测到有料后，送料电机停转，机械手臂伸→下降→夹紧 1s 后→上升→缩

回→右摆→伸出→下降→松爪。

② 当光电检测传感器检测到皮带上有料后，皮带中速运行；机械手回到原位，送料电机又开始工作。

③ 如送到皮带机上的是金属，到 A 位后，停 2s 推入 A 仓；如为白塑料，到 B 位后，停 1s 推入 B 仓；如为黑塑料，到 C 位后，直接推入 C 仓。

④ 如皮带上的工件未被推入相应的料仓，机械手又将一个工件夹到皮带位置，则机械臂伸出；下降后，保持手爪夹紧，等推杆动作完成后再松爪放料。

(3) 停车：按下 SB_6 后，如机械手爪上有料，送回原处后停下；如皮带上有料，推完后停下。如机械手、皮带上都无料，直接停车。

(4) 特殊情况处理：料斗电机转动 5s 后仍未检测到有料到料台，则 HL_1 亮 1s 灭 1s，并发出声音报警，声音响 0.1s 停 0.1s，响 3 次停 1s，再循环。报警 10s 仍未有料，则停车；再次按下 SB_5 可继续。如报警期间有料，自动解除报警，继续工作。

2) 工作方式二：组装方式

(1) 启动：按下 SB_5 后，料斗电机工作，皮带机停转。HL_2 长亮，HL_1、HL_3 灭。

(2) 工作要求：当检测到料台有料时，机械手将工件夹到右边(与方式一动作相同)，送入皮带机入料口，然后机械手回到原位等待。组装过程中，用 HL_4、HL_5、HL_6 表示 A、B 仓已完成的套数和，表示方式为二进制代码，亮表示"1"，灭表示"0"。

组装要求为：A 仓中，由 1 金 1 白 1 黑排列；B 仓中由 2 白 2 黑组合。同时满足 A、B 仓，优先推入 A 仓；如都不满足 A、B 仓，作为废料推入 C 仓；当废料的个数超过 A、B 仓套数和时，停车，HL_2 每秒闪烁一次，并发报警声，等查明原因后，按下 SB_5 继续工作。

(3) 停车：按下 SB_6，待当前工件组装完成后自动停车。但如果料斗电机在转动，则立即停车，再次按下 SB_5 可继续工作。

3) 工作方式三：多元件检测

(1) 启动：在按下 SB_5 之前，在皮带机的入料口与金属传感器之间放 3 个工件，间距 0～3mm。准备完成后，按 SB_5 启动，皮带机低速运行，HL_3 长亮，HL_1、HL_2 灭。

皮带机运行后，用最短的时间将三个工件分别推入 A、B、C 三仓。推入 A 仓的为金属，推入 B 仓的为白塑料，推入 C 仓的为黑塑料。

(2) 停车：推完工件后自动停车，再次按下 SB_5 又能正常运行。

4. 气动系统图

气动系统图如图 9-2 所示。

5. 意外情况的处理

(1) 气阀电磁线圈得电 5s，相应的动作未能执行，则立即停车，并发出响 0.5s 停 0.5s 的报警。排除故障后，按下 SB_5 继续工作。

(2) 工作中停电后，再次来电，则 HL_1、HL_2、HL_3 一起按 1Hz 的方式闪烁。等待 10s 后，按下 SB_5，继续从程序中断处执行，HL_1、HL_2、HL_3 恢复正常显示。

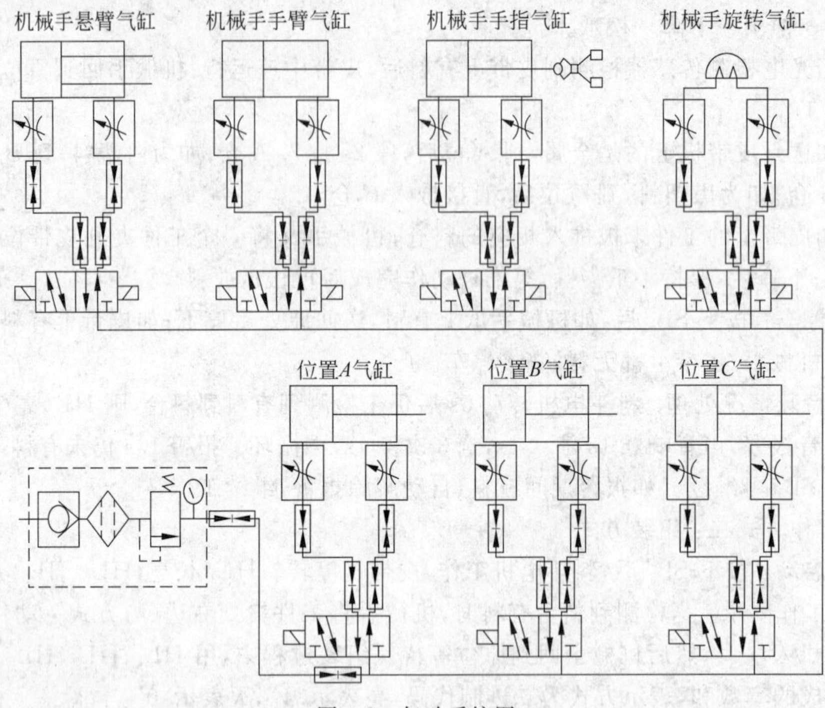

图 9-2 气动系统图

6. 要求和说明

(1) 以实训台左、右两端为尺寸的基准时，端面包括封口的硬塑盖。各处安装尺寸的误差不大于±1mm。

(2) 气动机械手的安装尺寸仅供参考，需要根据实际情况来调整，以机械手能从皮带输送机抓取工件并顺利搬运到处理盘中为准。

(3) 对于传感器的安装高度及检测灵敏度，均需根据生产要求进行调整。

填写功能调试部分评分表(见表 9-1)和组装及绘图部分评分表(见表 9-2)。

表 9-1 功能调试部分评分表

项目	评分点	配分	评 分 标 准	扣分	得分
运动部件检查	皮带输送机启动	2	不能启动，扣 1 分；启动困难，扣 0.5 分		
	皮带输送机高速运行	1	明显跳动，扣 0.5 分；皮带打滑，扣 0.5 分		
	机械手各气缸动作	1	气缸不能动作，每处扣 1 分；动作不迅速或明显撞击，每处扣 0.5 分		
	推料气缸动作	0.5	气缸不能动作，每处扣 0.5 分		
	操作熟练	0.5	操作不熟练，扣 0.5 分		
加工工序	金属毛坯加工	3	不能实现加工，每件扣 3 分；加工位置错误，每件扣 2 分；加工时间不对，每件扣 1 分；不能推入对应槽，每件扣 1 分		
	白色塑料毛坯加工	3			
	黑色塑料毛坯加工	3			

续表

项目	评分点	配分	评分标准	扣分	得分
检测工序	有一个不合格零件	3	检测出不合格零件并能正确分送，每种情况扣1分；能检测，不能分送，每种情况扣0.5分		
	有两个不合格零件	6	1金1白2黑、1金1黑2白、1白1黑2金，每种情况扣2分；合格品不能入对应的斜槽，或入错斜槽，每件扣1分；不合格品不能送到位置 *D*，每件扣1分		
	没有不合格零件	2	4个相同或两双相同零件检测，合格品不能入对应的斜槽，或入错斜槽，或误送往位置 *D*，各扣1分		
组装工序	*A* 位置入槽零件	6	零件不符合组合或排列要求，每件扣2分		
	B 位置入槽零件	6			
	C 位置入槽零件	1	不符合入 *A*、*B* 槽的金属件不能入 *C* 槽，扣1分		
	送 *D* 位置零件	1	不符合入 *A*、*B* 槽的塑料件不能送到位置 *D*，扣1分		
	数据保持	1	不能保持，扣1分		
各工序共性部分	工序设定、设备启动、设备停止	1	任一工序的设定，或设备启动，或设备停止不符合要求，扣1分		
	皮带运行频率	2	任一工序的皮带正、反运行频率不合要求，每处扣1分		
	电源指示、运行指示，报警器	1	电源指示，或任一工序的运行指示，或报警器工作不符合要求，扣1分		
	机械手动作	2	机械手不动作，扣2分；动作不符合要求，扣1分		
	处理盘动作	1	处理盘不符合要求，扣1分		
	机械手抓不住工件意外处理	2	压急停后不能停止在规定位置，扣1分；急停释放后不能继续运行，扣1分		
	工序转换错误操作处理	1	任一工序处理不合要求，扣1分；HL_2 指示不符合要求，扣0.5分		
总　分		50			

说明：每小项扣分不能超过该小项的配分。

表9-2　组装及绘图部分评分表

项目	评　分　点	配分	评分标准	扣分	得分
部件组装	皮带输送机安装位置	4	安装尺寸每处每超差1mm扣1分		
	电机安装同轴度、皮带水平度	2	电机安装同轴度不好，扣1分；皮带机水平度不好，扣1分		
	机械手安装	8	安装尺寸每处每超差1mm，扣1分		
	悬臂水平度与手臂竖直度	2	水平度或竖直度误差明显，每处扣1分		
	处理盘安装	2	安装尺寸每处每超差1mm，扣1分		
	气源组件、电磁阀组安装	1	安装尺寸每处每超差1mm，扣1分		
	警示灯安装	1	安装尺寸每处每超差1mm，扣1分		

续表

项目	评 分 点	配分	评 分 标 准	扣分	得分
气路连接	电磁阀选择正确	3	每选错一个电磁阀,各扣1分		
	气路连接正确	4	连接错误,每处扣2分		
	气路连接牢固	1	接头漏气,每处扣0.5分		
	气路工艺规范,美观	2	气路走向不合理,扣2分;不美观,扣1分		
电路连接	电器元件选用正确	2	每选用错一个元件,各扣1分		
	电路连接正确	3	每错一处,各扣1分		
	连接工艺	2	不符合工艺要求,每处扣0.5分		
	套异形管及写线号	2	每少套一个线管,扣1分;有异形管,但未写线号,每处扣0.5分		
	保护接地	1	接地每少一处,各扣0.5分		
电路图绘制	元件符合实际的选择	3	不符合实际的选择,每处扣1分		
	图形符号	2	每错一个符号,各扣0.5分		
	文字符号	2	每错一个符号,各扣0.5分		
	电路原理	2	每错一处,各扣1分		
	接地保护	1	每漏画一处,各扣0.5分		
总 分		50			

说明:每小项扣分不能超过该小项的配分。

物料搬运、分拣及组合设备的组装与调试（三）

本次组装与调试的机电一体化设备为分装机。请你仔细阅读分装机的说明，理解应完成的工作任务与要求，完成指定的工作。

在 YL—235A 设备上按要求完成下列任务。

(1) 按分拣机构设备组装图及要求和说明，在铝合金工作台上组装××生产设备（如图 10-1 所示）。

(2) 按分拣机构气动系统图及要求和说明，连接××生产设备的气路。

(3) 仔细阅读××生产设备的有关说明，然后根据对于设备及其工作过程的理解，画出××生产设备的电气原理图。

(4) 根据画出的电气原理图，连接××生产设备的电路。电路的导线必须放入线槽。

(5) 正确理解设备的正常工作过程和故障状态的处理方式，编写××生产设备的 PLC 控制程序并设置变频器的参数。

(6) 调整传感器的位置和灵敏度，以及机械零件的位置，完成××生产设备的整体调试，使该设备能正常工作，完成工件的生产、分拣和组合。

组装与调试

1. ××生产设备情况简介

××生产设备由送料系统、气动机械手、皮带输送机等部件组成。工件有 3 种：金属件、白色塑料和黑色塑料。各部件和一些主要元件的安装位置如图 10-1 所示，气动机械手各部分名称如图 8-2 所示。

2. 部件的初始位置及各元件的检查

1) 初始位置要求

在设备第一次开机后，如果各气缸不在指定位置，则按下 SB_5 让系统复位；若已经在

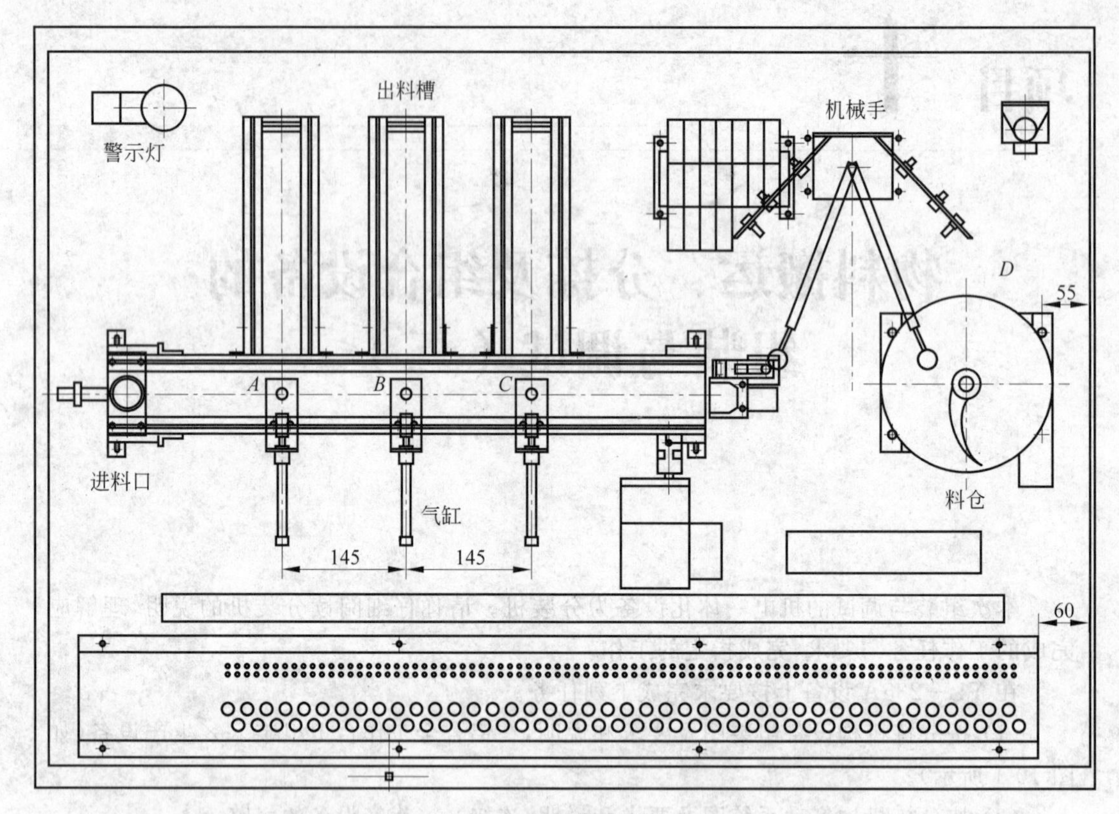

图 10-1 安装位置示意图

指定的位置，不需要按 SB_5。复位的要求是：对于机械手，爪放松，上升到限位，缩回到限位，左摆到限位；对于三个推杆气缸：处于收回状态。

若上述各部件在指定位置，则 HL_1 长亮，指示设备正常；若不在指定位置，则 HL_1、HL_2、HL_3 同时按 1Hz 的频率闪烁，指示要求按 SB_5 进行复位。若按下 SB_5 后，设备仍未能复位，设备可能有故障，则同时按 1Hz 频率闪烁的同时，蜂鸣器发出长鸣，指示设备需要排除故障。直到系统能够正常复位之后，设备方可启动。

2）选择工作方式

当以上各气缸处于指定状态后，通过按动 SB_4 的次数选择设备的工作方式。

（1）按 1 次：工作方式一；

（2）按 2 次：工作方式二；

（3）再按：回到工作方式一。

设定工作方式时，用 HL_1、HL_2 的亮与灭来显示。HL_1 亮为工作方式一；HL_2 亮为工作方式二，设备运行后，HL_1、HL_2 自动熄灭。

只有在设备正常停车时，才能改变工作方式；在设备已经进入某种工作方式或因故障停车时，不允许改变工作方式。

3. 设备运行

1）工作方式一：工件的快速分拣

(1) 准备：当选定工作方式一后，用 SB_1、SB_2、SB_3 三个按钮构成二进制形式，设定本次工序要分拣完成的元件总个数（不超过 7，且按下为“1”，弹出为“0”），并且用 HL_4、HL_5、HL_6 以二进制形式显示设定的个数（亮为“1”，灭为“0”）。在启动后，改变 SB_1、SB_2、SB_3 无效。

(2) 启动：按下 SB_5，设备进入元件的快速分拣方式，工作指示灯 HL_1 每秒闪两次，指示当前为工作方式一。HL_4、HL_5、HL_6 三只灯转变为显示已经分拣的元件个数。

(3) 工作要求：设备启动后，皮带机按低速 20Hz 的速度从 $A \to C$ 方向运行，蜂鸣器发出 1 次 0.5s 长的声音提示可以放入工件。当检测到有工件从入料口处放入后，在工件到达 A 位置时，再次发出 1 次 0.5s 长的声音，提示可以再次放入工件。金属工件送到 A 处，立即推入 A 料仓；白色塑料工件送到 B 处，立即推入 B 料仓；黑色塑料工件送到 C 处，立即推入 C 料仓；HL_4、HL_5、HL_6 三只灯显示的是已经分拣的元件个数。当放入的元件个数已经达到设定的个数时，蜂鸣器长鸣，提示不可再放入元件。

(4) 停车：停车有三种方式。

① 完成任务自动停车：在完成的元件个数与当初设定的个数相等时，蜂鸣器停止鸣叫，皮带停止转动，HL_4、HL_5、HL_6 三只灯同时按 1Hz 频率闪烁，提示工作任务已经完成；5s 后，自动停车，HL_4、HL_5、HL_6 熄灭，HL_1 长亮。停车后，可转换为其他工作方式，或再次用 SB_5 启动工作方式一。

② 运行过程中的暂时停车：运行过程中按下 SB_6，在皮带机上的所有工件被送到指定位置后，自动停车，HL_1 变为长亮；如果当前皮带上没有工件在加工，则直接停车。停车后，保持已经完成的元件个数，HL_4、HL_5、HL_6 三只灯状态不变。此时，不可转换成其他工作方式，只有再次按下 SB_5 后，设备启动，接着上次的个数计数。

③ 强行停车：如果在设备运行时长按 SB_6 3s，可立即停车。HL_4、HL_5、HL_6 熄灭，HL_1 长亮，可转换为其他工作方式，或再次用 SB_5 启动工作方式一。

(5) 特殊情况处理：在两种情况下应立即停车，即当刚放入的工件未到 A 位置时，又放入一个工件；或者蜂鸣器长鸣，提示不可再放入元件时，又放入一个元件。停车后，等工作人员将后放入的工件拿走后，设备可立即继续工作。

2）工作方式二：工件的组装

(1) 启动：在设备正常停车状态下选择工作方式二后，按下 SB_5，设备进入元件的工件组装工序，工作指示灯 HL_1 每秒闪三次，指示当前为工作方式二。

(2) 工作要求：设备启动后，皮带机按低速 15Hz 的速度从 $A \to C$ 方向运行，蜂鸣器发出两次间隔 0.1s 的声音，提示可以放入一个工件。当检测到有工件从入料口处放入后，皮带按中速 20Hz 的速度运行。

(3) 组装方式：推入 A 料仓的是 2 个白色塑料和 2 个金属的组合；推入 B 料仓的第 1 个为黑色塑料，第 2 个为金属，第 3 个为白色塑料；不满足以上条件的，作为废料，塑料件

推入 C 料仓，金属件由机械手送到 D 处理盘。

（4）停车：按下 SB_6，在当前工件被送到指定位置后，自动停车，HL_1 恢复长亮；如果当前皮带上没有工件在加工，则直接停车。停车后，可转换为其他工作方式，或按下 SB_5 再次启动。

4. 气动系统图

气动系统图如图 10-2 所示。

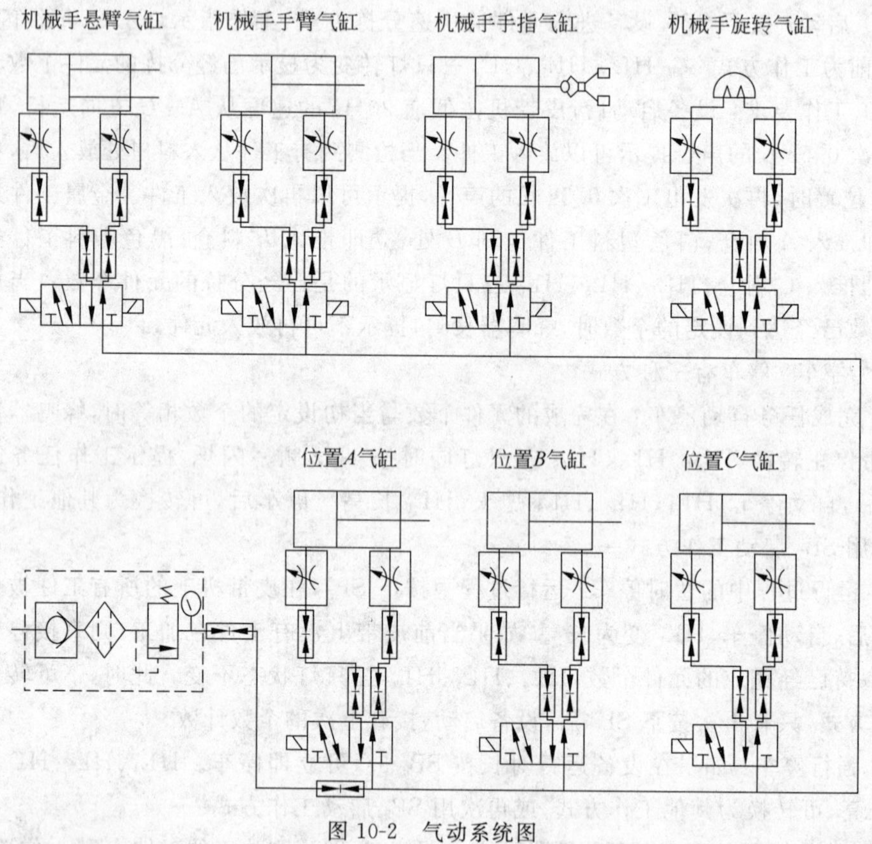

图 10-2 气动系统图

5. 意外情况处理

（1）设备运行过程中，突然断电，再次来电，需等 10s 后，按一次 SB_5，设备接着程序中断点继续运行。

（2）气阀线圈得电后 5s，相应的气缸未能动作的，立即停车，且蜂鸣器长鸣报警。排除故障后，按一次 SB_5，设备接着程序中断点继续运行。

6. 要求和说明

（1）以实训台左、右两端为尺寸的基准时，端面包括封口的硬塑盖。各处安装尺寸的误差不大于±1mm。

(2) 气动机械手的安装尺寸仅供参考，需要根据实际情况进行调整，以机械手能从皮带输送机抓取工件并顺利搬运到处理盘中为准。

(3) 对于传感器的安装高度及检测灵敏度，均需根据生产要求进行调整。

填写功能调试部分评分表（见表10-1）和组装及绘图部分评分表（见表10-2）。

表10-1　功能调试部分评分表

项目	评分点	配分	评分标准	扣分	得分
运动部件检查	皮带输送机启动	2	不能启动，扣1分；启动困难，扣0.5分		
	皮带输送机高速运行	1	明显跳动，扣0.5分；皮带打滑，扣0.5分		
	机械手各气缸动作	1	气缸不能动作，每处扣1分；动作不迅速或明显撞击，每处扣0.5分		
	推料气缸动作	0.5	气缸不能动作，每处扣0.5分		
	操作熟练	0.5	操作不熟练，扣0.5分。		
加工工序	金属毛坯加工	3	不能实现加工，每件扣3分；加工位置错误，每件扣2分；加工时间不对，每件扣1分；不能推入对应槽，每件扣1分		
	白色塑料毛坯加工	3			
	黑色塑料毛坯加工	3			
检测工序	有一个不合格零件	3	检测出不合格零件并能正确分送，每种情况扣1分；能检测，不能分送，每种情况扣0.5分		
	有两个不合格零件	6	1金1白2黑、1金1黑2白、1白1黑2金，每种情况扣2分；合格品不能入对应的斜槽，或入错斜槽，每件扣1分；不合格品不能送到位置D，每件扣1分		
	没有不合格零件	2	四个相同或两双相同零件检测，合格品不能入对应的斜槽，或入错斜槽，或误送往位置D，各扣1分		
组装工序	A位置入槽零件	6	零件不符合组合或排列要求，每件扣2分		
	B位置入槽零件	6			
	C位置入槽零件	1	不符合入A、B槽的金属件不能入C槽，扣1分		
	送D位置零件	1	不符合入A、B槽的塑料件不能送到位置D，扣1分		
	数据保持	1	不能保持，扣1分		
各工序共性部分	工序设定、设备启动、设备停止	1	任一工序的设定，或设备启动，或设备停止不符合要求，扣1分		
	皮带运行频率	2	任一工序的皮带正、反运行频率不合要求，每处扣1分		
	电源指示、运行指示，报警器	1	电源指示，或任一工序的运行指示，或报警器工作不符合要求，扣1分		
	机械手动作	2	机械手不动作，扣2分；动作不符合要求，扣1分		
	处理盘动作	1	处理盘不符合要求，扣1分		
	机械手抓不住工件意外处理	2	压急停后不能停止在规定位置，扣1分；急停释放后不能继续运行，扣1分		
	工序转换错误操作处理	1	任一工序处理不合要求，扣1分；HL_2指示不符合要求，扣0.5分		
总　　分		50			

表 10-2 组装及绘图部分评分表

项目	评 分 点	配分	评 分 标 准	扣分	得分
部件组装	皮带输送机安装位置	4	安装尺寸每处每超差 1mm 扣 1 分		
	电机安装同轴度、皮带水平度	2	电机安装同轴度不好,扣 1 分;皮带机水平度不好,扣 1 分		
	机械手安装	8	安装尺寸每处每超差 1mm,扣 1 分		
	悬臂水平度与手臂竖直度	2	水平度或竖直度误差明显,每处扣 1 分		
	处理盘安装	2	安装尺寸每处每超差 1mm,扣 1 分		
	气源组件、电磁阀组安装	1	安装尺寸每处每超差 1mm,扣 1 分		
	警示灯安装	1	安装尺寸每处每超差 1mm,扣 1 分		
气路连接	电磁阀选择正确	3	每选错一个电磁阀,各扣 1 分		
	气路连接正确	4	连接错误,每处扣 2 分		
	气路连接牢固	1	接头漏气,每处扣 0.5 分		
	气路工艺规范,美观	2	气路走向不合理,扣 2 分;不美观,扣 1 分		
电路连接	电器元件选用正确	2	每选用错一个元件,各扣 1 分		
	电路连接正确	3	每错一处,各扣 1 分		
	连接工艺	2	不符合工艺要求,每处扣 0.5 分		
	套异形管及写线号	2	每少套一个线管,扣 1 分;有异形管,但未写线号,每处扣 0.5 分		
	保护接地	1	接地每少一处,各扣 0.5 分		
电路图绘制	元件符合实际的选择	3	不符合实际的选择,每处扣 1 分		
	图形符号	2	每错一个符号,各扣 0.5 分		
	文字符号	2	每错一个符号,各扣 0.5 分		
	电路原理	2	每错一处,各扣 1 分		
	接地保护	1	每漏画一处,各扣 0.5 分		
总 分		50			

说明:每小项扣分不能超过该小项的配分。

项目十一

物料搬运、分拣及组合设备的组装与调试（四）

本次组装与调试的机电一体化设备为分装机。请你仔细阅读分装机的说明，理解应完成的工作任务与要求，完成指定的工作。

在 YL—235A 设备上按要求完成下列任务。

(1) 按分拣机构设备组装图及要求和说明，在铝合金工作台上组装××生产设备（如图 11-1 所示）。

(2) 按分拣机构气动系统图及要求和说明，连接××生产设备的气路。

(3) 仔细阅读××生产设备的有关说明，然后根据对于设备及其工作过程的理解，画出××生产设备的电气原理图。

(4) 根据画出的电气原理图，连接××生产设备的电路，电路的导线必须放入线槽。

(5) 正确理解设备的正常工作过程和故障状态的处理方式，编写××生产设备的 PLC 控制程序并设置变频器的参数。

(6) 调整传感器的位置和灵敏度，以及机械零件的位置，完成××生产设备的整体调试，使该设备能正常工作，完成工件的生产、分拣和组合。

组装与调试

1. ××生产设备情况简介

××生产设备（以下简称生产设备）由送料系统、气动机械手、皮带输送机等部件组成。工件有 3 种：金属件、白色塑料和黑色塑料。各部件和一些主要元件的安装位置如图 11-1 所示，气动机械手各部分名称如图 8-1 所示。

2. 部件的初始位置及各元件的检查

在初始位置，机械手爪松、手升、臂缩、左摆，各气缸缩回。

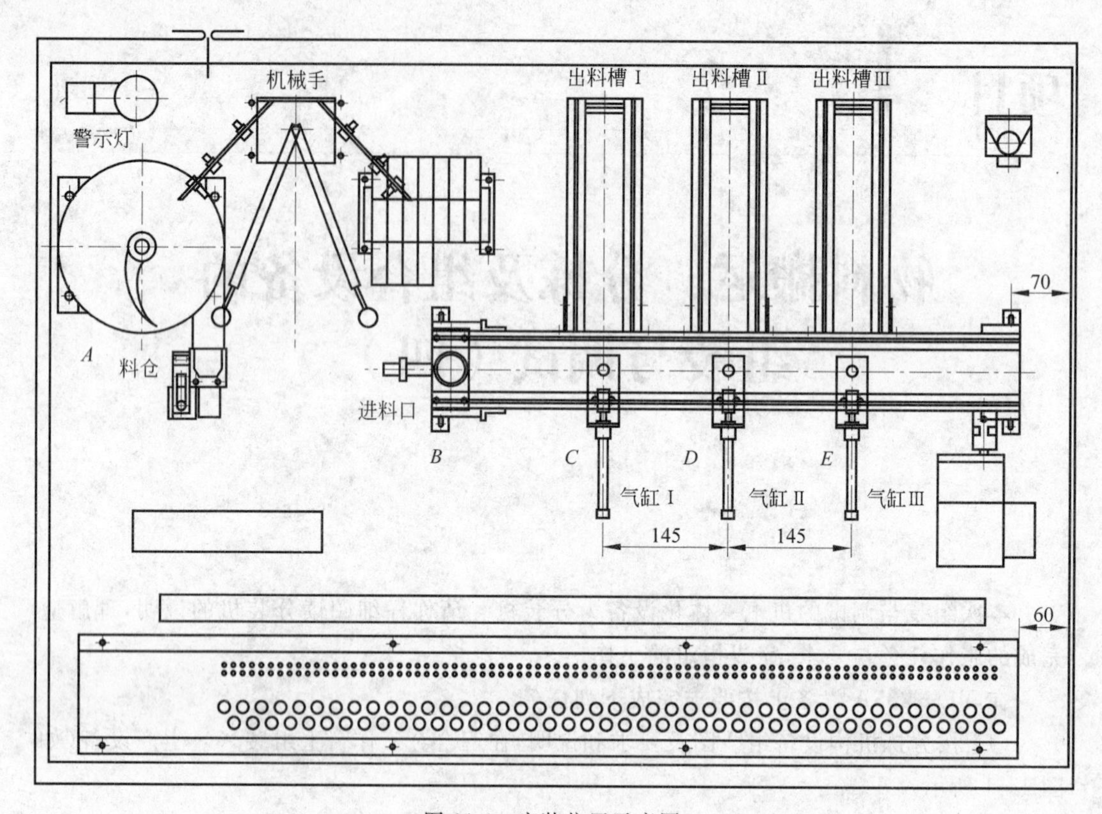

图 11-1 安装位置示意图

3. 设备运行

系统的工作任务是对金属工件进行传送与加工。当工件下料至位置 A 时,由机械手夹持并送至皮带运输机的位置 B,然后从进料口放到传送带上进行传送。金属工件由传送带送至位置 C 后,开始接受粗加工和精加工。加工完成的成品在位置 D 由推出气缸Ⅱ推至出料槽Ⅱ。如果偶然传送的是非金属工件,传送带将非金属工件传送到位置 C 后,由位置 C 的推出气缸Ⅰ推至出料槽Ⅰ。

拖动皮带输送机的三相交流移步电动机由变频器驱动。皮带输送机可进行高、中、低速运行。高速时,驱动电机的变频器输出频率为 30Hz;中速时,驱动电机的变频器输出频率为 20Hz;低速时,驱动电机的变频器输出频率为 10Hz。

1) 系统工作状况

(1) 若系统中各部件处于初始位置,此时可按下按钮 SB_4 启动系统运行。当系统进入运行后,待料及加工指示灯 HL_1 闪亮(1 次/s),提示皮带运输机在待料。

(2) 当提升架的光电传感器检测到工件后,气动机械臂同时伸出和下降→用气爪将工件夹紧;夹紧 1s 后→手臂同时上升和臂缩回→机械手转动至右限止位置→悬臂再同时伸出和下降→气爪放松,通过位置 B 的下料孔将工件放到皮带传送机的传送带上,机械手放下夹持的工件 1s 后→手臂同时上升和臂缩回→机械手转动至左限止位置。重复上述动作，继续传送工件。

(3) 当皮带传送机位置 B 的光电传感器检测到工件后，拖动皮带传送机的交流电动机启动，以中速运转传送工件。到达 C 点后，若传送的工件是金属的，蜂鸣器会短促地鸣叫一声；若传送的工件是白色的，蜂鸣器会短促地鸣叫两声；若传送的工件是黑色的，蜂鸣器会短促地鸣叫三声。

对于金属工件，当其到达位置 C 时，皮带输送机停止；2s 后，指示灯 HL_1 发亮，工件开始接受加工。加工过程如下：皮带输送机以低速正转运行，金属工件接受粗加工。金属工件到达位置 D 时，粗加工结束，然而以中速返回到位置 C；停止 1s 后，皮带输送机以中速正转运行，金属工件接受精加工。工件再次到达位置 D 时，加工完成，指示灯 HL_1 熄灭，输送机停止，由位置 D 的推出气缸Ⅱ将工件推入出料槽Ⅱ；然后，推出气缸Ⅱ的活塞杆缩回到位，本工件周期结束。指示灯 HL_1 又闪亮(1 次/s)待料。

对于白色元件，系统作为成品进行分类，到达 C 点后进行 1s 的等待确认后，指示灯 HL_1 熄灭，由位置 C 的推出气缸Ⅰ将工件推入出料槽Ⅰ。然后，推出气缸Ⅱ的活塞杆缩回到位，本工作周期结束。指示灯 HL_1 又闪亮(1 次/s)待料。

对于黑色元件，系统作为废料进行分类。到达 E 点并等待 1s 后，指示灯 HL_1 熄灭，由位置 E 的推出气缸Ⅲ将工件推入出料槽Ⅲ。然后，推出气缸Ⅱ的活塞杆缩回到位，本工作周期结束。指示灯 HL_1 又闪亮(1 次/s)待料。

(4) 为了保证设备工作，只允许一个工件在皮带输送机上传送与加工，因此必须保证只有在皮带传送机停机待料(指示灯 HL_1 闪亮 1 次/s)期间，机械手才能向皮带传送机下料。若待料时间到达 1s 后仍未有料下，指示灯 HL_1 的闪亮变成 2 次/s。提示皮带传送机缺料，直到皮带传送机位置 B 的光电传感器检测到工件后，HL_1 自动熄灭。

(5) 按下正常停机按钮 SB_5，若机械手夹持有工件，系统会继续完成工件的传送、分拣和加工，然后再停机并复位。若机械手已无夹持工件，机械手会自动回到原点位置停下。皮带输送机也会在工件完成检测、分拣和加工后停止运行并复位。系统停止后，指示灯 HL_1 应熄灭。

2) 系统保护要求

(1) 原始位置。

系统工作前，必须确保各元件、器件和部件在原始位置。当不符合原始位置要求时，按下 SB_4，系统也不能启动。

原始位置要求如下。

① 过载触点(按钮 SB_1 触点断开)复位；

② 机械手手爪松开，机械手手臂和悬臂气缸的活塞缸缩回，机械手停止在左上方的限止位置；

③ 传送带电动机停转；推出气缸活塞杆缩回。

(2) 断电时的保护。

断电后恢复供电，设备应接着断电前所处的工作状态运行。但如果工件处于第二次加工时发生断电，该工作将报废。恢复供电后，该工件应以中速返回到位置 E 并被推出气缸Ⅲ推出，再继续正常运行。

（3）过载保护。

当皮带输送机发生过载时，过载触点动作（按钮 SB_1 按下，常开触点接通），此时蜂鸣器鸣叫，提示发生过载。若过 2s 后过载仍未消除，则皮带输送机停止运行，此时机械手仍继续夹持零件，直至传送到皮带输送机的下料位置停下等待。当过载消除（按钮 SB_1 复位，常开触点断开）后，蜂鸣器停止鸣叫。按钮 SB_1 复位后，按下启动按钮 SB_4，皮带输送机重新按停止的状态继续运行。若工件处于加工状态时因过载而停机，该工件将报废，故障复位且按下启动按钮 SB_4 后，该工件应以中速返回到位置 E 处被推出气缸Ⅲ推出，再继续正常运行。

（4）连续废料保护。

若机器连续出现 5 个以上废料，HL_{69}（3 次/s）闪亮表示提示。

4. 组装与调试

1）部件组装位置要求

（1）应保证图 11-1 上标注的尺寸（要求误差不超过±1mm）。

（2）应保证安装后的机械手能把工件准确地从位置 A 夹持传送到位置 B。

（3）应保证三相交流异步电动机转轴与皮带输送机传动轴的同心度。以电动机拖动皮带输送机时，不发生震动为符合要求。

2）画电器原理图和完成电路连接的要求

（1）电气原理图的绘制，图形符号的使用应符合中华人民共和国国家标准。

（2）电路连接应符合工艺要求和安全要求，所有导线应放入线槽，导线与接线端子连接处应套编号管，并有相应的编号。

（3）元器件的金属外壳应可靠接地。

3）画出气动系统和完成气路连接的要求

（1）气动元件的图形符号应符合中华人民共和国国家标准；

（2）气缸、电磁阀的使用应符合表 11-1 的要求。

表 11-1 气缸与电磁阀的使用规则

序号	工作台上的气缸	控制气缸的电磁阀
1	供料盘提升气缸	固定在高位，由气路实现
2	机械手上下运动气缸	双线圈电磁阀
3	机械手前后运动气缸	双线圈电磁阀
4	机械手摆动气缸	双线圈电磁阀
5	机械手气爪	双线圈电磁阀
6	位置 C、D、E 的分拣气缸	单线圈电磁阀

(3) 不得使用漏气的气管的管路附件;气管与管接头的连接应牢固、可靠。

4) 编写 PLC 控制程序和设备变频器参数的要求

(1) 在使用计算机编写程序时,应随时保存已编好的程序。保存的文件名为工位号。

(2) 编写程序可以用基本指令,也可以使用步进指令或功能指令。

5) 组装与调试要求

(1) 机械部件、传感器等元件的安装位置及其 PLC 控制程序相互配合,协调动作,保证分拣和加工的准确性。

(2) 机械部件、传感器等元件的安装位置及其 PLC 的控制程序应保证皮带输送机启动和停止的位置以及时间的准确性。

(3) 调节气路中的流量调节阀,使气缸活塞杆伸出和缩回的速度适中。

5. 气动系统图

气动系统图如图 11-2 所示。

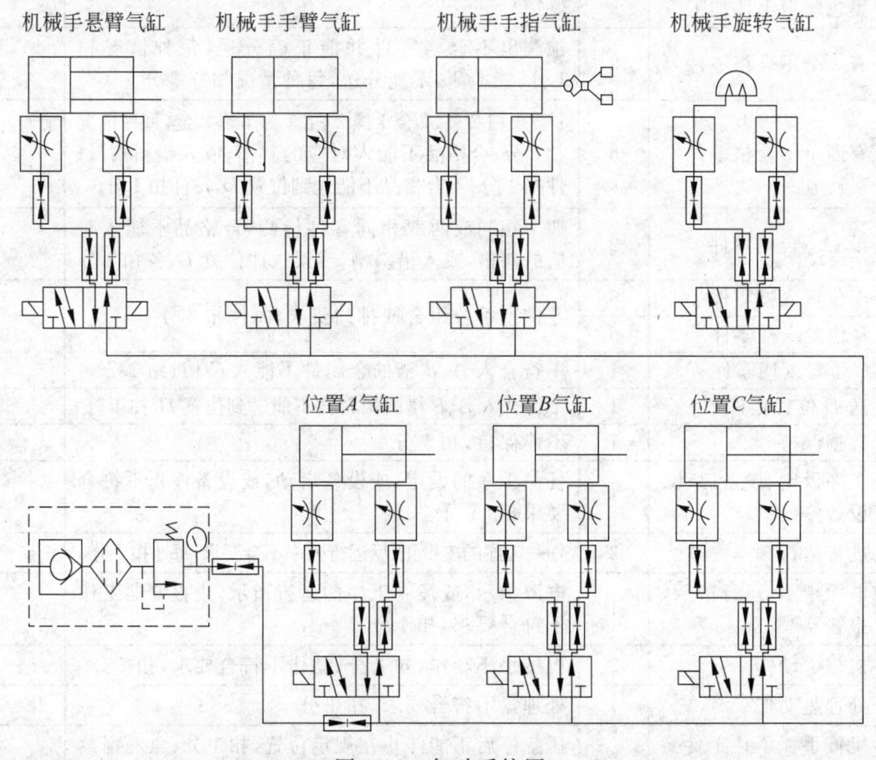

图 11-2　气动系统图

6. 要求和说明

(1) 以实训台左、右两端为尺寸的基准时,端面包括封口的硬塑盖。各处安装尺寸的误差不大于±1mm。

（2）气动机械手的安装尺寸仅供参考，需要根据实际情况来调整，以机械手能从皮带输送机抓取工件，并顺利搬运到处理盘中为准。

（3）对于传感器的安装高度及检测灵敏度，均需根据生产要求进行调整。

填写功能调试部分评分表（见表 11-2）和组装及绘图部分评分表（见表 11-3）。

表 11-2 功能调试部分评分表

项目	评分点	配分	评分标准	扣分	得分
运动部件检查	皮带输送机启动	2	不能启动，扣 1 分；启动困难，扣 0.5 分		
	皮带输送机高速运行	1	明显跳动，扣 0.5 分；皮带打滑，扣 0.5 分		
	机械手各气缸动作	1	气缸不能动作，每处扣 1 分；动作不迅速或明显撞击，每处扣 0.5 分		
	推料气缸动作	0.5	气缸不能动作，每处扣 0.5 分		
	操作熟练	0.5	操作不熟练，扣 0.5 分		
加工工序	金属毛坯加工	3	不能实现加工，每件扣 3 分；加工位置错误，每件扣 2 分；加工时间不对，每件扣 1 分；不能推入对应槽，每件扣 1 分		
	白色塑料毛坯加工	3			
	黑色塑料毛坯加工	3			
检测工序	有一个不合格零件	3	检测出不合格零件并能正确分送，每种情况扣 1 分；能检测，不能分送，每种情况扣 0.5 分		
	有两个不合格零件	6	1 金 1 白 2 黑、1 金 1 黑 2 白、1 白 1 黑 2 金，每种情况扣 2 分；合格品不能入对应的斜槽，或入错斜槽，每件扣 1 分；不合格品不能送到位置 *D*，每件扣 1 分		
	没有不合格零件	2	四个相同或两双相同零件检测，合格品不能入对应的斜槽，或入错斜槽，或误送往位置 *D*，各扣 1 分		
组装工序	*A* 位置入槽零件	6	零件不符合组合或排列要求，每件扣 2 分		
	B 位置入槽零件	6			
	C 位置入槽零件	1	不符合入 *A*、*B* 槽的金属件不能入 *C* 槽，扣 1 分		
	送 *D* 位置零件	1	不符合入 *A*、*B* 槽的塑料件不能送到位置 *D*，扣 1 分		
	数据保持	1	不能保持，扣 1 分		
各工序共性部分	工序设定、设备启动、设备停止	1	任一工序的设定，或设备启动，或设备停止不符合要求，扣 1 分		
	皮带运行频率	2	任一工序的皮带正、反运行频率不合要求，每处扣 1 分		
	电源指示、运行指示，报警器	1	电源指示，或任一工序的运行指示，或报警器工作不符合要求，扣 1 分		
	机械手动作	2	机械手不动作，扣 2 分；动作不符合要求，扣 1 分		
	处理盘动作	1	处理盘不符合要求，扣 1 分		
	机械手抓不住工件意外处理	2	压急停后不能停止在规定位置，扣 1 分；急停释放后不能继续运行，扣 1 分		
	工序转换错误操作处理	1	任一工序处理不合要求，扣 1 分；HL_2 指示不符合要求，扣 0.5 分		
总分		50			

说明：每小项扣分不能超过该小项的配分。

表 11-3　组装及绘图部分评分表

项目	评分点	配分	评分标准	扣分	得分
部件组装	皮带输送机安装位置	4	安装尺寸每处每超差 1mm，扣 1 分		
	电机安装同轴度、皮带水平度	2	电机安装同轴度不好，扣 1 分；皮带机水平度不好，扣 1 分		
	机械手安装	8	安装尺寸每处每超差 1mm，扣 1 分		
	悬臂水平度与手臂竖直度	2	水平度或竖直度误差明显，每处扣 1 分		
	处理盘安装	2	安装尺寸每处每超差 1mm，扣 1 分		
	气源组件、电磁阀组安装	1	安装尺寸每处每超差 1mm，扣 1 分		
	警示灯安装	1	安装尺寸每处每超差 1mm，扣 1 分		
气路连接	电磁阀选择正确	3	每选错一个电磁阀，各扣 1 分		
	气路连接正确	4	连接错误，每处扣 2 分		
	气路连接牢固	1	接头漏气，每处扣 0.5 分		
	气路工艺规范，美观	2	气路走向不合理，扣 2 分；不美观，扣 1 分		
电路连接	电器元件选用正确	2	每选用错一个元件，各扣 1 分		
	电路连接正确	3	每错一处，各扣 1 分		
	连接工艺	2	不符合工艺要求，每处扣 0.5 分		
	套异形管及写线号	2	每少套一个线管，扣 1 分；有异形管，但未写线号，每处扣 0.5 分		
	保护接地	1	接地每少一处，各扣 0.5 分		
电路图绘制	元件符合实际的选择	3	不符合实际的选择，每处扣 1 分		
	图形符号	2	每错一个符号，各扣 0.5 分		
	文字符号	2	每错一个符号，各扣 0.5 分		
	电路原理	2	每错一处，各扣 1 分		
	接地保护	1	每漏画一处，各扣 0.5 分		
总分		50			

说明：每小项扣分不能超过该小项的配分。

物料搬运、分拣及组合设备的组装与调试（五）

本次组装与调试的机电一体化设备为分装机。请你仔细阅读分装机的说明,理解应完成的工作任务与要求,完成指定的工作。

在 YL—235A 设备上按要求完成下列任务。

(1) 按分拣机构设备组装图及要求和说明,在铝合金工作台上组装××生产设备(如图 12-1 所示)。

(2) 按分拣机构气动系统图及要求和说明,连接××生产设备的气路。

(3) 仔细阅读××生产设备的有关说明,然后根据对于设备及其工作过程的理解,画出××生产设备的电气原理图。

(4) 根据画出的电气原理图,连接××生产设备的电路。电路的导线必须放入线槽。

(5) 正确理解设备的正常工作过程和故障状态的处理方式,编写××生产设备的 PLC 控制程序并设置变频器的参数。

(6) 调整传感器的位置和灵敏度,以及机械零件的位置,完成××生产设备的整体调试,使该设备能正常工作,完成工件的生产、分拣和组合。

组装与调试

1. ××生产设备情况简介

××生产设备(以下简称生产设备)由送料系统、气动机械手、皮带输送机等部件组成。工件有 3 种：金属件、白色塑料和黑色塑料。各部件和一些主要元件的安装位置如图 12-1 所示,气动机械手各部分名称如图 8-1 所示。

2. 部件的初始位置及各元件的检查

① 启动前,设备的运动部件必须在规定的位置,这些位置称作初始位置。有关部件的

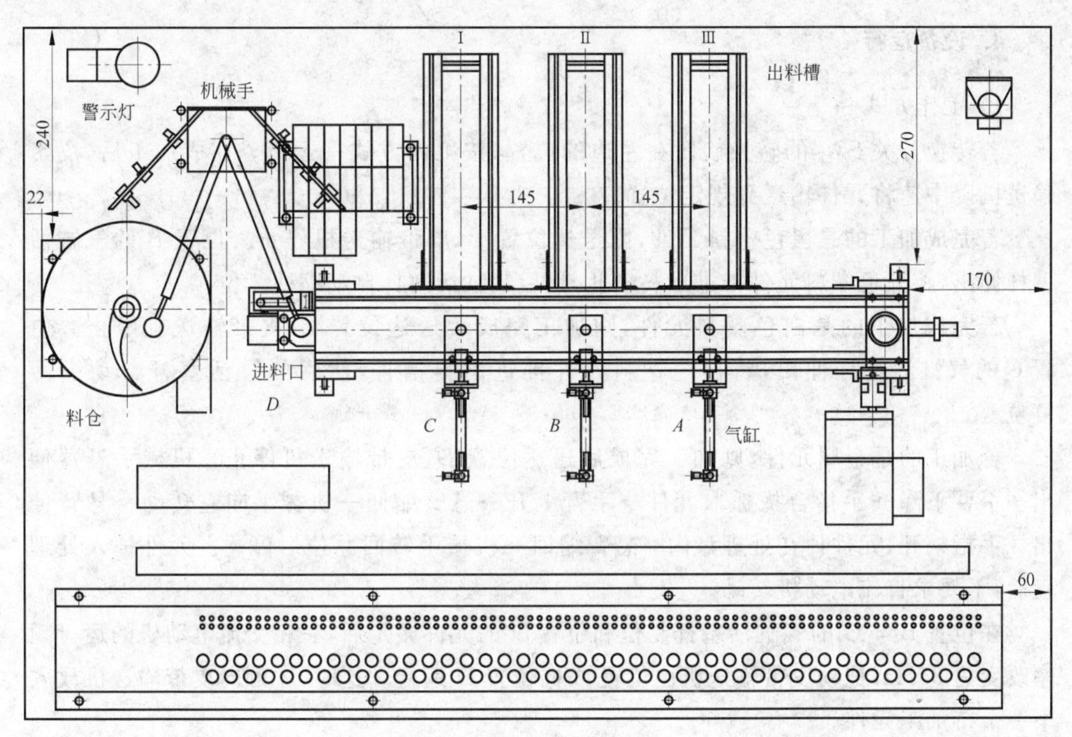

图 12-1　安装位置示意图

初始位置是：机械手的悬臂靠在右限止位置，手臂气缸的活塞杆缩回，手指松开。位置 A、B、C 的气缸活塞杆缩回。处理盘、皮带输送机的拖动电动机不转动。

② 上述部件在初始位置时，指示灯 HL_1 以亮 1s 灭 2s 的方式闪亮。只有上述部件在初始位置时，设备才能启动。若上述部件不在初始位置，指示灯 HL_1 不亮，选择一种复位方式进行复位。

3. 设备正常工作

接通设备的工作电源，工作台上的红色警示灯闪亮，指示电源正常。

1）启动

按下启动按钮 SB_5，设备启动。皮带输送机按由位置 A 向位置 D 的方向运行。拖动皮带输送机的三相交流电动机的运行频率为 35Hz。指示灯 HL_1 由闪亮变为长亮。

2）工作

按下启动按钮后，当元件从进料口放上皮带输送机时，皮带输送机由高速运行变为中速运行，此时拖动皮带输送机的三相交流电动机的运行频率为 25Hz。皮带输送机上的元件到达位置 A 时，停止 3s 后开始加工。

元件在位置 A 完成加工后，有两种工作方式。这两种工作方式只能在设备停止状态进行转换。

4. 设备运行

1) 工作方式一

若转换开关 SA_1 的转换旋钮在左边的位置,按工作方式一运行。完成加工后,皮带输送机以中速将元件输送到规定位置。

若完成加工的是黑色塑料元件,则送达位置 B,皮带输送机停止。位置 B 的气缸活塞杆伸出,将黑色塑料元件推进出料槽Ⅱ,然后气缸活塞杆自动缩回复位。

若完成加工的是白色塑料元件,则加工完成后送达位置 C,皮带输送机停止。位置 C 的气缸活塞杆伸出,将白色塑料元件推进出料槽Ⅲ,然后气缸活塞杆自动缩回复位。

若加工的是金属元件,则加工完成后送达位置 D,皮带输送机停止。机械手悬臂伸出→手臂下降→手指合拢抓取元件→手臂上升→悬臂缩回→机械手向左转动→悬臂伸出→手指松开,元件掉在处理盘内→悬臂缩回→机械手转回原位后停止。元件掉入处理盘后,不要求直流电动机转动。

在位置 B 与 C 的气缸活塞杆复位和位置 D 的元件搬走后,三相交流电动机的运行频率改变为 35Hz,拖动皮带输送机由位置 A 向位置 D 运行。这时,才可向皮带输送机放入下一个待加工元件。

2) 工作方式二

若转换开关 SA_1 转换旋钮在右边的位置,按工作方式二进行。在工作方式二中,金属元件被假定为不合格元件。按工作方式二进行时注意以下几点。

(1) 对合格的元件,推入出料槽Ⅰ和出料槽Ⅱ的第一个元件必须是黑色塑料元件,第二个为白色塑料元件;元件在到达被推出位置时,皮带输送机应停止运行,然后气缸活塞杆伸出,将元件推入出料槽。气缸活塞杆缩回后,皮带输送机又高速运行,直到元件放上皮带输送机时,变为中速运行。

(2) 对合格的元件,推入出料槽Ⅰ和出料槽Ⅱ的元件不能保证第一个是黑色塑料元件、第二个是白色塑料元件时,由位置 C 的气缸推入出料槽Ⅲ。

(3) 对于不合格元件(金属元件),送到位置 D。在元件到达位置 D 后,皮带输送机停止运行。机械手悬臂伸出→手臂下降→手指合拢抓取元件→手臂上升→悬臂缩回→机械手向左转动→悬臂伸出→手指松开,元件掉在处理盘内→悬臂缩回→机械手转回原位后停止。金属元件掉进处理盘时,直流电机启动,转动 3s 后停止。

(4) 停止

按下停止按钮 SB_6 时,将当前元件处理好并送到规定位置,并且相应的部件复位后,设备才能停止。设备在重新启动之前,应将出料斜槽和处理盘中的元件拿走。

5. 气动系统图

气动系统图如图 12-2 所示。

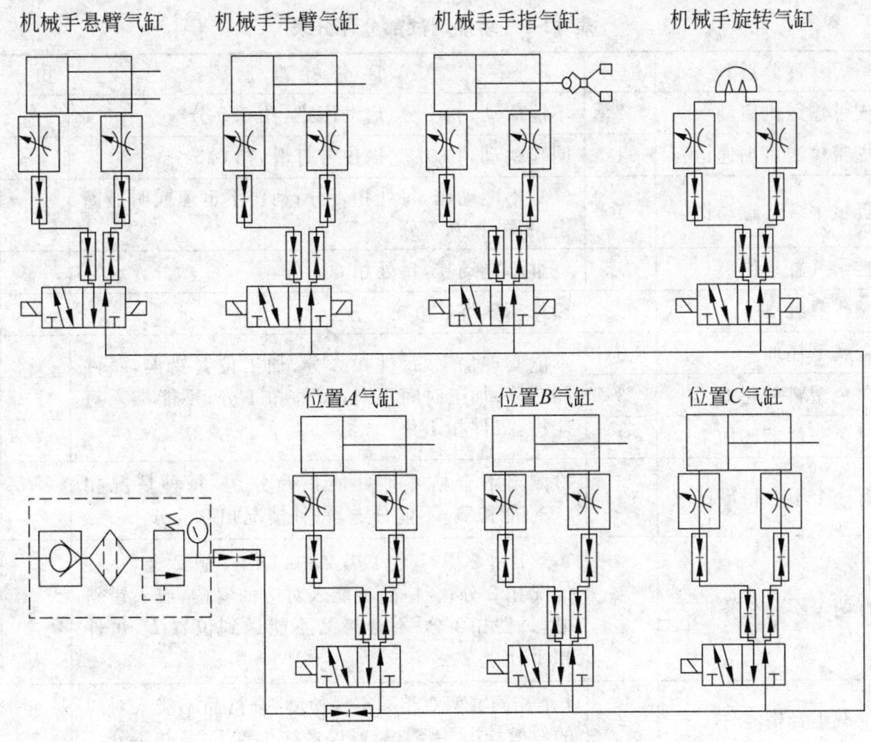

图 12-2　气动系统图

6. 意外情况处理

1）突然断电

发生突然断电的意外时，应保持各处在断电瞬间的状态。恢复供电后，指示灯 HL_1 按 3 次/s 的方式闪亮，按下继续运行按钮 SB_4，设备从断电瞬间保持的状态开始，按原来的方式和程序继续运行，同时指示灯 HL_1 变为长亮。

2）连续出现不合格元件

在工作过程当中，若连续出现 3 个不合格元件（金属元件），则在第 3 个不合格塑料件被处理盘处理完，且设备返回初始位置后，设备停止工作报警器以声响报警。按下停止按钮 SB_6 可解除报警。只有报警被解除后，系统才可重新启动。

7. 要求和说明

（1）以实训台左、右两端为尺寸的基准时，端面包括封口的硬塑盖。各处安装尺寸的误差不大于±1mm。

（2）气动机械手的安装尺寸仅供参考，需要根据实际情况来调整，以机械手能从皮带输送机抓取工件并顺利搬运到处理盘中为准。

（3）对于传感器的安装高度和检测灵敏度，均需根据生产要求进行调整。

填写功能调试部分评分表（见表 12-1）和组装及绘图部分评分表（见表 12-2）。

表 12-1　功能调试部分评分表

项目	评分点	配分	评分标准	扣分	得分
运动部件检查	皮带输送机启动	2	不能启动，扣 1 分；启动困难，扣 0.5 分		
	皮带输送机高速运行	1	明显跳动，扣 0.5 分；皮带打滑，扣 0.5 分		
	机械手各气缸动作	1	气缸不能动作，每处扣 1 分；动作不迅速或明显撞击，每处扣 0.5 分		
	推料气缸动作	0.5	气缸不能动作，每处扣 0.5 分		
	操作熟练	0.5	操作不熟练，扣 0.5 分		
加工工序	金属毛坯加工	3	不能实现加工，每件扣 3 分；加工位置错误，每件扣 2 分；加工时间不对，每件扣 1 分；不能推入对应槽，每件扣 1 分		
	白色塑料毛坯加工	3			
	黑色塑料毛坯加工	3			
检测工序	有一个不合格零件	3	检测出不合格零件并能正确分送，每种情况扣 1 分；能检测，不能分送，每种情况扣 0.5 分		
	有两个不合格零件	6	1 金 1 白 2 黑、1 金 1 黑 2 白、1 白 1 黑 2 金，每种情况扣 2 分；合格品不能入对应的斜槽，或入错斜槽，每件扣 1 分；不合格品不能送到位置 *D*，每件扣 1 分		
	没有不合格零件	2	4 个相同或两双相同零件检测，合格品不能入对应的斜槽，或入错斜槽，或误送往位置 *D*，各扣 1 分		
组装工序	*A* 位置入槽零件	6	零件不符合组合或排列要求，每件扣 2 分		
	B 位置入槽零件	6			
	C 位置入槽零件	1	不符合入 *A*、*B* 槽的金属件不能入 *C* 槽，扣 1 分		
	送 *D* 位置零件	1	不符合入 *A*、*B* 槽的塑料件不能送到位置 *D*，扣 1 分		
	数据保持	1	不能保持，扣 1 分		
各工序共性部分	工序设定、设备启动、设备停止	1	任一工序的设定，或设备启动，或设备停止不符合要求，扣 1 分		
	皮带运行频率	2	任一工序的皮带正、反运行频率不合要求，每处扣 1 分		
	电源指示、运行指示，报警器	1	电源指示，或任一工序的运行指示，或报警器工作不符合要求，扣 1 分		
	机械手动作	2	机械手不动作，扣 2 分；动作不符合要求，扣 1 分		
	处理盘动作	1	处理盘不符合要求，扣 1 分		
	机械手抓不住工件意外处理	2	压急停后不能停止在规定位置，扣 1 分；急停释放后不能继续运行，扣 1 分		
	工序转换错误操作处理	1	任一工序处理不合要求，扣 1 分；HL_2 指示不符合要求，扣 0.5 分		
总　分		50			

说明：每小项扣分不能超过该小项的配分。

表 12-2 组装及绘图部分评分表

项目	评 分 点	配分	评 分 标 准	扣分	得分
部件组装	皮带输送机安装位置	4	安装尺寸每处每超差 1mm，扣 1 分		
	电机安装同轴度、皮带水平度	2	电机安装同轴度不好，扣 1 分；皮带机水平度不好，扣 1 分		
	机械手安装	8	安装尺寸每处每超差 1mm，扣 1 分		
	悬臂水平度与手臂竖直度	2	水平度或竖直度误差明显，每处扣 1 分		
	处理盘安装	2	安装尺寸每处每超差 1mm，扣 1 分		
	气源组件、电磁阀组安装	1	安装尺寸每处每超差 1mm，扣 1 分		
	警示灯安装	1	安装尺寸每处每超差 1mm，扣 1 分		
气路连接	电磁阀选择正确	3	每选错一个电磁阀，各扣 1 分		
	气路连接正确	4	连接错误，每处扣 2 分		
	气路连接牢固	1	接头漏气，每处扣 0.5 分		
	气路工艺规范，美观	2	气路走向不合理，扣 2 分；不美观，扣 1 分		
电路连接	电器元件选用正确	2	每选用错一个元件，各扣 1 分		
	电路连接正确	3	每错一处，各扣 1 分		
	连接工艺	2	不符合工艺要求，每处扣 0.5 分		
	套异形管及写线号	2	每少套一个线管，扣 1 分；有异形管，但未写线号，每处扣 0.5 分		
	保护接地	1	接地每少一处，各扣 0.5 分		
电路图绘制	元件符合实际的选择	3	不符合实际的选择，每处扣 1 分		
	图形符号	2	每错一个符号，各扣 0.5 分		
	文字符号	2	每错一个符号，各扣 0.5 分		
	电路原理	2	每错一处，各扣 1 分		
	接地保护	1	每漏画一处，各扣 0.5 分		
总 分		50			

说明：每小项扣分不能超过该小项的配分。

附录 A

2009全国职业院校技能大赛
中职组机电一体化设备组装与调试技能比赛任务书

工作任务与要求

××生产设备是为某工作机械加工其中一个部件的机电一体化设备。该设备生产部件时有零件加工、零件检测和零件组装等三道工序。

请按要求，在4h内，完成××生产设备的部分组装和调试：

一、按××生产设备的机械手总装图(见附页A-1)及其要求和说明，组装机械手。

二、按××生产设备部分部件组装图(见附页A-2)及其要求和说明，将本次任务需要的部件安装在工作台上。

三、请你仔细阅读××生产设备的有关说明，然后根据你对设备及其工作过程的理解，在赛场提供的图纸(见附页A-4)上绘制××生产设备的电气控制原理图，并在标题栏的“设计”和“制图”行填写自己的工位号。

四、根据你画出的电气控制原理图，连接××生产设备的控制电路。

要求：

1. 凡是你连接的导线，必须套上写有编号的编号管。

2. 工作台上各传感器、电磁阀控制线圈、直流电动机、警示灯的连接线，必须放入线槽内；为减小对控制信号的干扰，工作台上交流电动机的连接线不能放入线槽。

五、根据气动系统图(见附页A-3)及其要求和说明，连接××生产设备的气路。

六、请你正确理解设备的正常工作过程和故障状态的处理方式，编写××生产设备的PLC控制程序和设置变频器的参数。

七、请你调整传感器的位置和灵敏度，调整机械零件的位置，完成××生产设备部分部件整体调试，使该设备能按要求完成各工序的规定任务。

××生产设备及其调试要求

××生产设备部分部件的名称和位置如图A-1所示，其中气动机械手各部分的名称如图A-2所示。

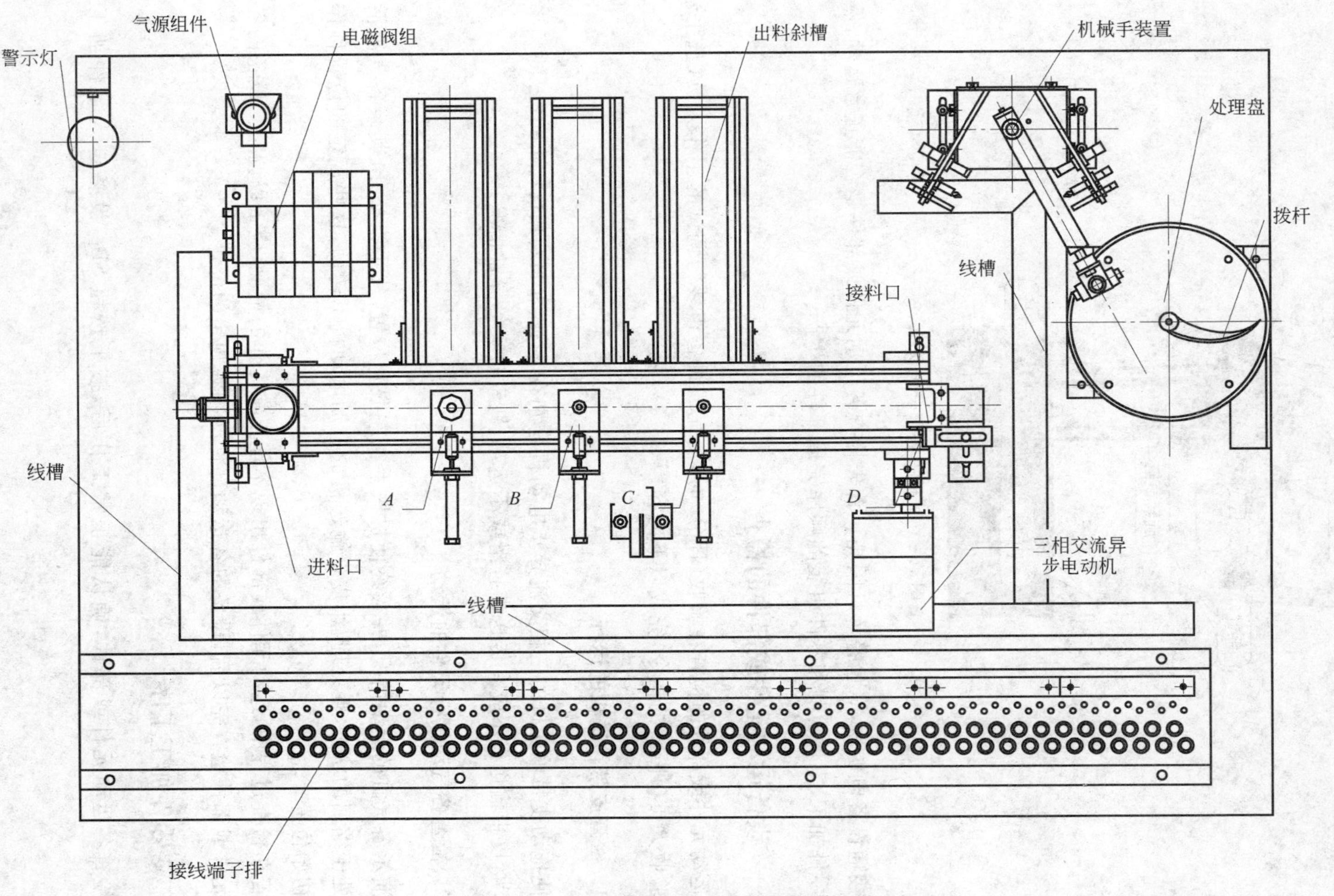

图 A-1　××生产设备部分部件位置及其名称

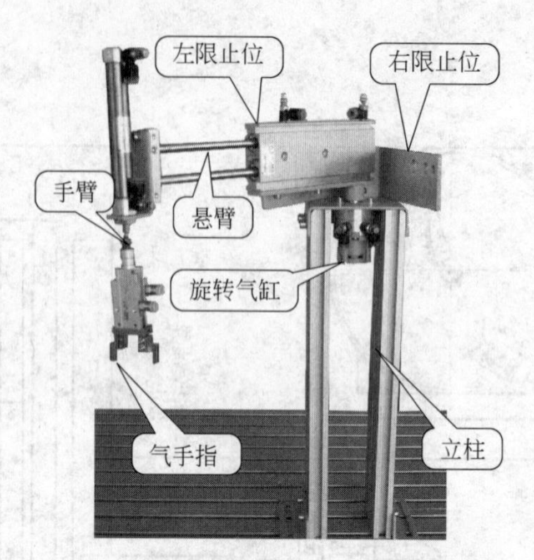

图 A-2　机械手各部分名称

接通设备电源后，绿色警示灯闪亮。首先检查各运动元件或部件是否能正常运动，然后按零件加工、零件检测和零件组装的顺序完成部件的生产。

一、设备运动元件或部件的检查

运动元件或部件的检查在验收（评分）时，由完成设备组装与调试的工作人员（选手）根据验收人员（评委）的指令，完成以下内容。

1. 检查皮带输送机的运行

使拖动皮带输送机的三相交流异步电动机分别在 8Hz、30Hz、45Hz 和 60Hz 的频率下启动，皮带输送机不应有传送带打滑或不运动、跳动过大等异常情况。

2. 检查各气动执行元件的运动

演示各气缸的运动情况，并最终使机械手在左限止位置，气手指松开，其余各气缸活塞杆处于缩回的状态，且处理盘、皮带输送机的拖动电动机不转动，这些规定的位置称作设备初始位置。

若在检查过程中，运动元件或部件出现不能正常工作的情况，应予以调整。设备的各运动元件或部件检查完以后，设备的各运动部件必须在规定的位置。

二、零件加工工序

检查各运动元件或部件，确认能正常工作后，按下按钮 SB_1，设备进入零件加工工序。

1. 设备运行

在设备处于初始位置时，按下启动按钮 SB_5，三相交流异步电动机以 35Hz 的频率启动，带动皮带输送机由位置 A 向位置 C 方向运行，运行指示灯 HL_1 长亮，指示设备处在零件加工的工作状态。

2. 加工零件

有金属、白色塑料和黑色塑料三种毛坯需要该设备加工成三种零件。皮带输送机运行后，可向传送带的进料口放第一个毛坯，下一个毛坯可在设备加工零件时放入传送带的进料口。

若放上传送带上的为金属毛坯，则皮带输送机将金属毛坯输送到位置 A 后停止 3s，由加工装置（其安装与调试不属本次工作任务）将金属毛坯加工成金属零件；若放上传送带的为白色塑料毛坯，则皮带输送机将白色塑料毛坯输送到位置 B 后停止 3s，由加工装置（其安装与调试不属本次工作任务）将白色塑料毛坯加工成白色塑料零件；若放上传送带的为黑色塑料毛坯，则皮带输送机将黑色塑料毛坯输送到位置 C 后停止 3s，由加工装置（其安装与调试不属本次工作任务）将黑色塑料毛坯加工成黑色塑料零件。

3. 加工完成

零件加工完成后，由相应位置的气缸活塞杆伸出，将零件推入对应的出料斜槽；气缸活塞杆缩回后，皮带输送机按原来的速度与方向运行。

4. 设备停止

在设备运行状态下，按下停止按钮 SB_6，设备应完成当前的零件加工。当皮带输送机上没有毛坯和加工好的零件时，设备停止工作，指示灯 HL_1 熄灭。

三、零件检测工序

释放按钮 SB_1，按下 SB_2，设备进入零件检测工序。

1. 设备运行

在设备处于初始位置时，先在皮带输送机的位置 C 与 D 之间放上待检测的一组（4 个零件，零件之间留 6～10mm 距离）零件，然后按下启动按钮 SB_5，三相交流异步电动机以 35Hz 的频率启动，带动皮带输送机由位置 D 向位置 C 方向运行，运行指示灯 HL_1 以 1Hz 的频率闪亮，指示设备处在零件检测的工作状态。

2. 零件检测

在皮带输送机上的 4 个待检测零件中，若某种零件为单一零件（即只有一个这种颜色或材质的零件），则该零件为不合格零件，其余为合格零件。在检测过程中，零件不能从皮带输送机上掉下。

3. 零件的分送

(1) 合格的金属零件由 A 位置气缸推入对应的出料斜槽，合格的白色塑料零件由 B 位置气缸推入对应的出料斜槽，合格的黑色塑料零件由 C 位置气缸推入对应的出料斜槽。皮带输送机由位置 C 向位置 D 方向运行时，三相交流异步电动机以 25Hz 的频率带动皮带输送机运行；皮带输送机由位置 D 向位置 C 方向运行时，三相交流异步电动机以 35Hz 的频率带动皮带输送机运行。零件到达推出位置时，皮带输送机应停止运行，相应气缸将零件推入对应的出料槽后自动缩回。如皮带输送机上还有零件，则当气缸活塞杆缩回后，皮带输送机又自动启动并按相应的频率运行。

(2) 不合格的零件由皮带输送机送往位置 D。当零件到达位置 D 时，机械手的悬臂伸出→手臂下降→气手指合拢抓取零件→延时 1s→手臂上升→悬臂缩回→机械手向右转动→悬臂伸出→气手指松开，零件掉在处理盘内→悬臂缩回→机械手转左→回原位后停止。零件掉入处理盘后，拖动处理盘拨杆转动的直流电动机立即转动，3s 后停止。

4. 设备停止

当该组 4 个零件经过检测并分送和处理完成后，设备自动停止运行，指示灯 HL_1 熄灭。待放上另一组(4 个)零件，再按下启动按钮 SB_5，设备按上述过程再次检测与分送。

四、零件组装工序

当 SB_1 和 SB_2 两个按钮都处于按下状态时，设备进入零件组装工序。

1. 设备运行

在设备处于初始位置时，按下启动按钮 SB_5，三相交流异步电动机以 35Hz 的频率启动，带动皮带输送机由位置 A 向位置 C 方向运行，运行指示灯 HL_1 以 4Hz 的频率闪亮，指示设备为零件组装的工作状态。

2. 放入零件

皮带输送机运行后，从进料口放入合格的零件。只有当传送带上的零件被推入出料斜槽或被机械手取走后，才可以从皮带输送机的进料口放入下一个零件。

3. 零件组装

在传送带上的零件由相应位置的气缸活塞杆推出，经出料斜槽分送到零件组装机构(本次任务不需组装和调试组装机构)进行组装。零件的分送要求是：

(1) 在位置 A 对应的出料斜槽分送到组装机构的零件必须满足是由 2 个白色塑料零

件和1个黑色塑料零件组合成的套件。

(2) 在位置 B 对应的出料斜槽分送到组装机构的零件必须满足是由第1个是金属零件,第2个是白色塑料零件,第3个是黑色塑料零件排列成的套件。

(3) 同时满足位置 A 对应的出料斜槽和位置 B 对应的出料斜槽要求的零件,应优先经位置 A 对应的出料斜槽分送到组装机构。

(4) 不满足组合和排列关系的金属零件应推入位置 C 对应的出料斜槽,塑料零件则送往位置 D。

(5) 当皮带输送机由位置 C 向位置 A 方向送零件时,三相交流异步电动机以25Hz的频率带动皮带输送机运行。零件到达推出位置时,皮带输送机停止运行,相应气缸将元件推入对应的出料斜槽后自动缩回,皮带输送机恢复运行。

(6) 当有零件到达位置 D 时,机械手的悬臂伸出→手臂下降→气手指合拢抓取零件→延时1s→手臂上升→悬臂缩回→机械手向右转动→悬臂伸出→气手指松开,零件掉在处理盘内→悬臂缩回→机械手转左→回原位后停止。元件掉入处理盘后,拖动处理盘拨杆转动的直流电动机不需转动。

4. 设备停止

在设备运行状态下,按下停止按钮 SB_6,设备应完成当前的零件分送或处理,设备停止工作,指示灯 HL_1 熄灭。若没有转换工序,设备重新启动进行零件组装,应紧接着位置 A 对应的出料斜槽或位置 B 对应的出料斜槽中已有的零件数据去继续完成零件的组装。

五、非正常情况处理

在本次工作任务中,只考虑以下两种非正常情况。

1. 机械手没有抓住零件

零件到达位置 D,机械手悬臂伸出,手臂下降,气手指合拢时没有抓住零件。应压下急停开关,待机械手气手指松开、手臂上升后停止,并由蜂鸣器鸣响报警。待查明原因并排除故障后,释放急停开关,机械手手臂下降重新抓取零件并按原程序运行,同时蜂鸣器停止鸣响。

2. 工序转换错误操作

工序之间的转换,应在设备停止的情况下进行。若设备在某道工序的运行过程中进行转换的操作,则错误操作指示灯 HL_2 立即以5Hz闪亮报警,设备按转换前的工序继续运行,待将传送带上的毛坯或零件按转换前的工序要求处理完毕后,设备自动停止运行,指示灯 HL_1 和 HL_2 熄灭。再按下 SB_5 后,设备按转换后的工序重新启动运行。

机电一体化设备组装与调试技能竞赛配分表

项目		项目配分	评分点	点配分
组装及绘图	部件组装	20	皮带输送机	6
			机械手装置	10
			处理盘	2
			气源组件及电磁阀组	1
			警示灯	1
	气路连接	10	气动元件选择	3
			气路连接	4
			气路工艺	3
	电路连接	10	元件选择	2
			电路连接及工艺	5
			异形管及编号	2
			保护接地	1
	电路图	10	元件使用	3
			图形、文字符号	4
			原理正确	2
			保护接地	1
控制功能及调试	运动部件检查	5	皮带输送机	2
			机械手气缸	2
			推料气缸	1
	加工工序	9	毛坯加工	9
	检测工序	11	零件检测	5
			合格品分送	4
			不合格品分送	2
	组装工序	15	零件分送	6
			零件组装	6
			组装数据保持	3
	各工序共性部分	10	设备启动及皮带运行频率	3
			指示灯及报警器	1
			机械手动作	2
			处理盘动作	1
			机械手抓不住零件意外处理	2
			工序转换错误操作处理	1
总分		100		
职业与安全意识		10(如违反要求,在总分中扣除)	安全	5
			规范	3
			纪律	2

附页 A-1

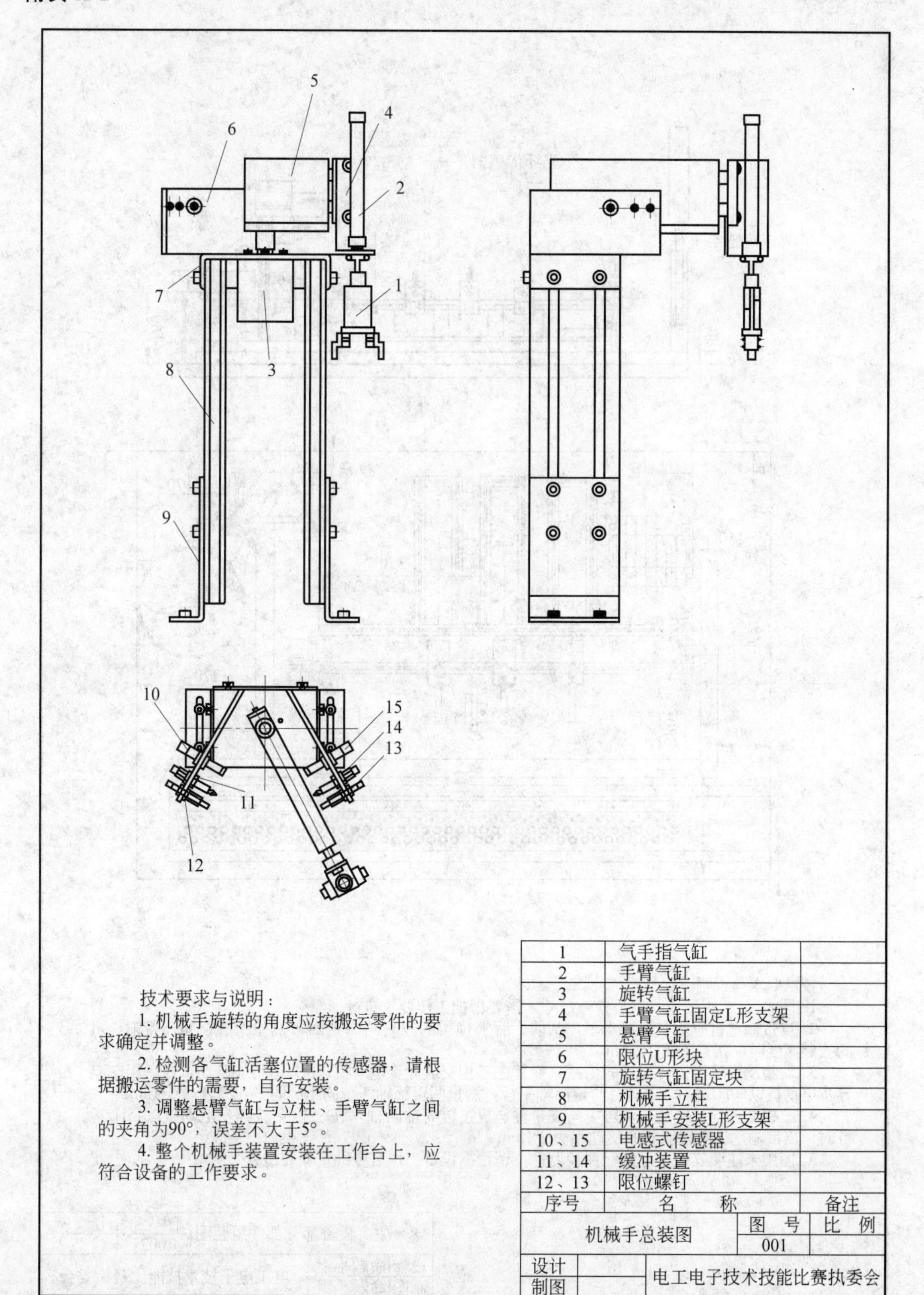

技术要求与说明：

1. 机械手旋转的角度应按搬运零件的要求确定并调整。
2. 检测各气缸活塞位置的传感器，请根据搬运零件的需要，自行安装。
3. 调整悬臂气缸与立柱、手臂气缸之间的夹角为90°，误差不大于5°。
4. 整个机械手装置安装在工作台上，应符合设备的工作要求。

序号	名　称	备注
1	气手指气缸	
2	手臂气缸	
3	旋转气缸	
4	手臂气缸固定L形支架	
5	悬臂气缸	
6	限位U形块	
7	旋转气缸固定块	
8	机械手立柱	
9	机械手安装L形支架	
10、15	电感式传感器	
11、14	缓冲装置	
12、13	限位螺钉	

机械手总装图	图　号	比　例
	001	

设计		电工电子技术技能比赛执委会
制图		

附页 A-2

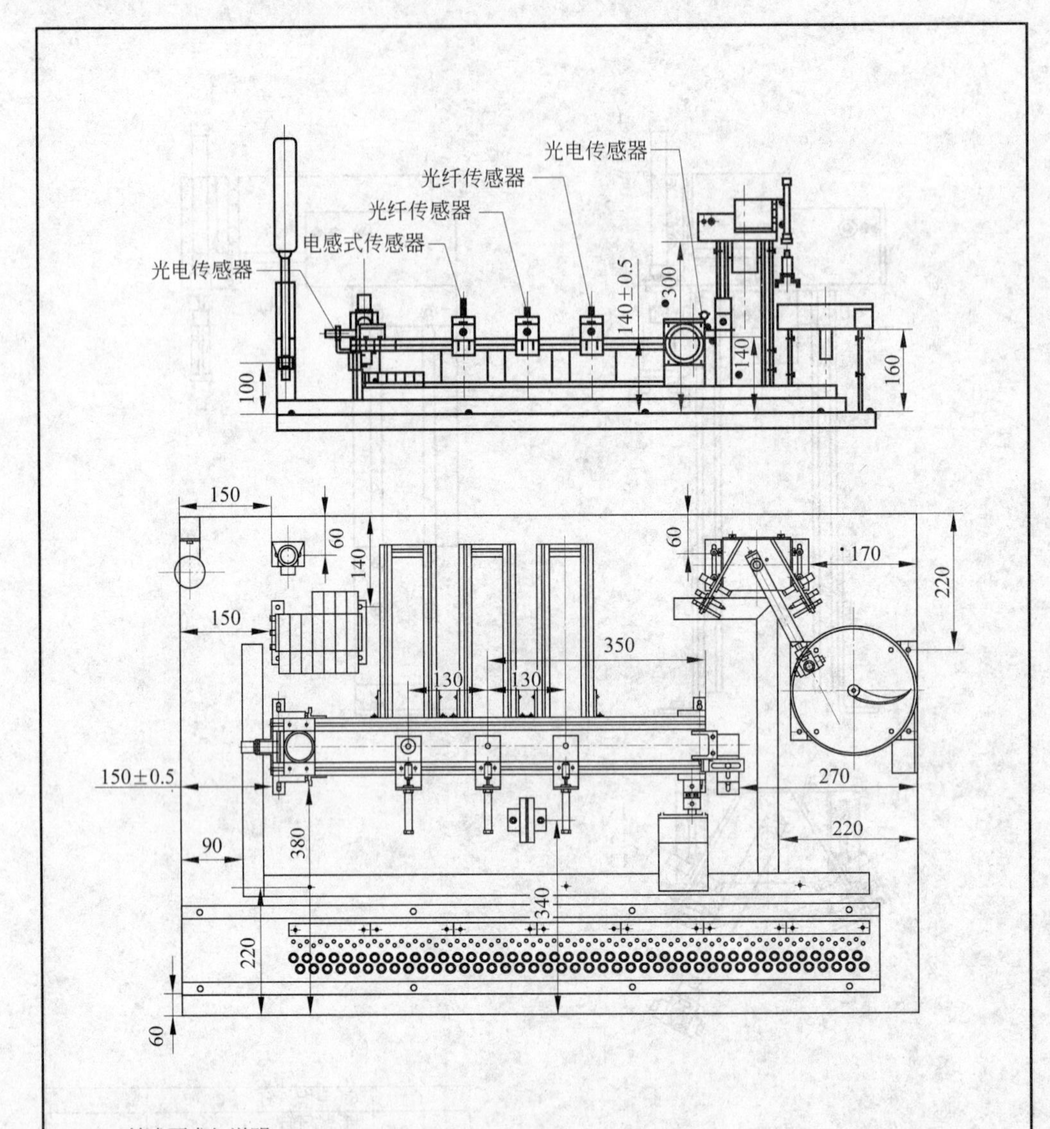

技术要求与说明：

1. 图中带“*”的尺寸，只是参考尺寸，需要根据工作要求进行调整。

2. 皮带输送机应基本保持水平，从前、后上横梁的左右两端共四个测量位置测量皮带输送机的安装高度时，相差不大于1mm。

3. 调整皮带输送机传送带的松紧，使其在三相交流异步电动机以8Hz运行能启动，在三相交流异步电动机以60Hz运行不打滑。两辊筒轴平行，测量两辊筒轴两端的距离时，相差不大于1mm。

4. 三相交流异步电动机转轴应与皮带输送机主辊筒轴同轴，在三相交流异步电动机以45Hz运行时，皮带输送机主辊筒轴的跳动不大于1mm。

5. 图中未注明安装尺寸的元件和器件，请根据设备工作需要确定安装位置。

××生产设备部分部件组装图		图　号	比　例
		002	
设计	命题小组	电工电子技术技能比赛执委会	
制图	命题小组		

附页 A-3

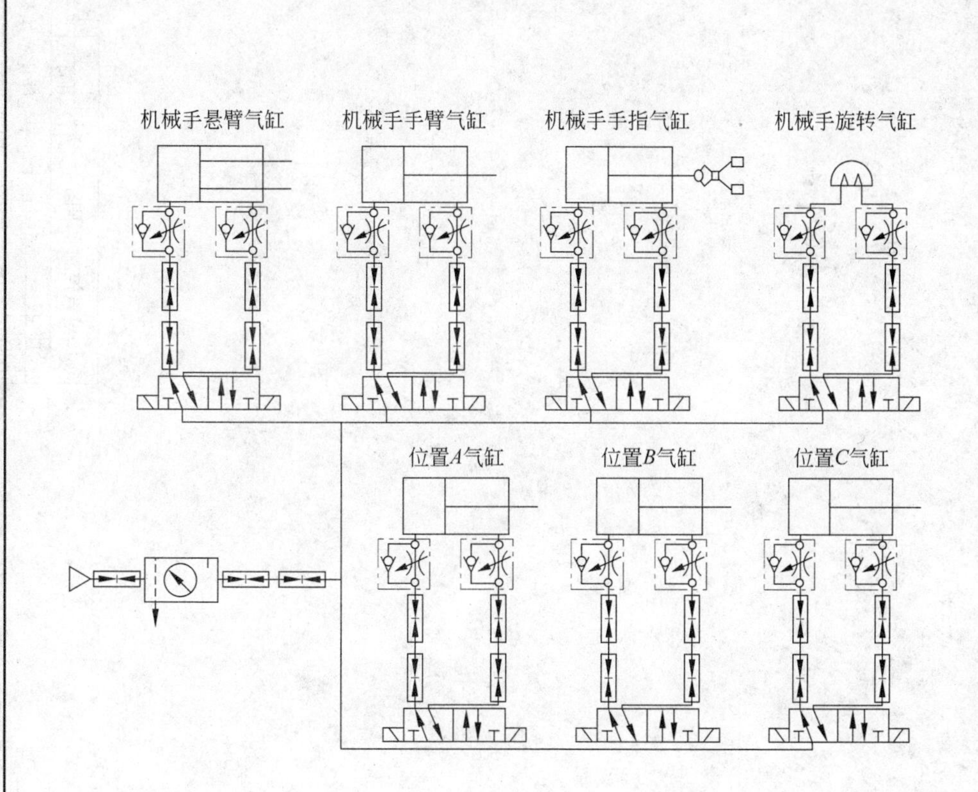

技术要求与说明:

1. 各气动执行元件必须按系统图选择控制元件，但具体使用电磁阀组中某个元件不做规定。

2. 连接系统的气路时，气管与接头的连接必须可靠，不漏气。

3. 气路布局合理，整齐、美观。气管不能与信号线、电源线等电气连线绑扎在一起，气管不能从皮带输送机、机械手内部穿过。

××生产设备气动系统图		图　号	比　例
		003	
设计	命题小组	电工电子技术技能比赛执委会	
制图	命题小组		

附页 A-4

电气控制原理图		图号	比例
		004	
设计		电工电子技能比赛执委会	
制图			

2010全国职业院校技能大赛
中职组机电一体化设备组装与调试技能比赛任务书

本次组装与调试的机电一体化设备为某配料装置。请你仔细阅读配料装置的说明和应完成的工作任务与要求,在240分钟内按要求完成指定的工作任务。

工作任务与要求

一、按《警示灯与接料平台组装图》(附页B-1)组装警示灯和接料平台。

二、按《配料装置组装图》(附页B-2)组装配料装置,并满足图纸提出的技术要求。

三、按《配料装置气动系统图》(附页B-3)连接配料装置的气路,并满足图纸提出的技术要求。

四、根据PLC输入/输出端子(I/O)分配表(如表B-1所示),在赛场提供的图纸(附页B-4)上画出配料装置电气控制原理图并连接电路。你画的电气控制原理图和连接的电路应符合下列要求。

表B-1 PLC输入/输出端子(I/O)分配表

输入端子			功能说明	输出端子			功能说明
三菱PLC	西门子PLC	松下PLC		三菱PLC	西门子PLC	松下PLC	
X0	I0.0	X0	执行或启动按钮SB_5	Y0	Q0.0	Y2	皮带正转
X1	I0.1	X1	复位或停止按钮SB_6	Y1	Q0.1	Y3	皮带低速
X2	I0.2	X2	急停按钮	Y2	Q0.2	Y4	皮带中速
X3	I0.3	X3	参数选择/废料按钮SB_4	Y3	Q0.3	Y5	皮带高速
X4	I0.4	X4	功能选择开关SA_1	Y4	Q0.4	Y0	(空)
X5	I0.5	X5	功能选择开关SA_2	Y5	Q0.5	Y1	送料直流电机
X6	I0.6	X6	接料平台光电传感器	Y6	Q0.6	Y6	蜂鸣器

续表

输入端子			功 能 说 明	输出端子			功 能 说 明
三菱 PLC	西门子 PLC	松下 PLC		三菱 PLC	西门子 PLC	松下 PLC	
X7	I0.7	X7	接料平台电感式传感器	Y7	Q0.7	Y7	指示灯 HL_3(红)
X10	I1.0	X8	接料平台光纤传感器	Y10	Q1.0	Y8	指示灯 HL_4(黄)
X11	I1.1	X9	传送带进料口来料检测	Y11	Q1.1	Y9	指示灯 HL_5(绿)
X12	I1.2	XA	位置 A 来料检测	Y12	Q1.2	YA	指示灯 HL_6(红)
X13	I1.3	XB	旋转气缸左到位检测	Y13	Q1.3	YB	手指夹紧
X14	I1.4	XC	旋转气缸右到位检测	Y14	Q1.4	YC	手指松开
X15	I1.5	XD	悬臂伸出到位检测	Y15	Q1.5	YD	旋转气缸左转
X16	I1.6	XE	悬臂缩回到位检测	Y16	Q1.6	YE	旋转气缸右转
X17	I1.7	XF	手臂上升到位检测	Y17	Q1.7	YF	悬臂伸出
X20	I2.0	X10	手臂下降到位检测	Y20	Q2.0	Y10	悬臂缩回
X21	I2.1	X11	手指夹紧到位检测	Y21	Q2.1	Y11	手臂上升
X22	I2.2	X12	气缸Ⅰ伸出到位检测	Y22	Q2.2	Y12	手臂下降
X23	I2.3	X13	气缸Ⅰ缩回到位检测	Y23	Q2.3	Y13	气缸Ⅰ伸出
X24	I2.4	X14	气缸Ⅱ伸出到位检测	Y24	Q2.4	Y14	气缸Ⅱ伸出
X25	I2.5	X15	气缸Ⅱ缩回到位检测	Y25	Q2.5	Y15	气缸Ⅲ伸出
X26	I2.6	X16	气缸Ⅲ伸出到位检测	Y26	Q2.6	Y16	
X27	I2.7	X17	气缸Ⅲ缩回到位检测	Y27	Q2.7	Y17	

1. 电气控制原理图中各元器件的图形符号，按“关于 2008 年全国中等职业学校电工电子技术技能大赛机电一体化设备组装与调试竞赛项目使用统一图形符号的通知”(教职成司函〔2008〕31 号)中指定的图形符号绘制。通知中没有指定图形符号的元器件，可自行编定其图形符号，但要在电气控制原理图中用图例的形式予以说明。

2. 凡是你连接的导线，必须套上写有编号的编号管。交流电机金属外壳与变频器的接地极必须可靠接地。

3. 在工作台上，各传感器、电磁阀控制线圈、送料直流电机、警示灯的连接线必须放入线槽内；为减小对控制信号的干扰，工作台上交流电机的连接线不能放入线槽。

五、请你正确理解配料装置的调试、配料要求以及指示灯亮灭方式、正常工作过程和故障状态的处理等，编写配料装置的 PLC 控制程序并设置变频器的参数。

注意：在使用计算机编写程序时，请你随时保存已编好的程序，保存的文件名为工位号＋A(如 3 号工位的文件名为“3A”)。

六、请你调整传感器的位置和灵敏度，调整机械部件的位置，完成配料装置的整体调试，使配料装置能按照要求完成调试与配料。

配料装置说明

配料装置各部件和器件名称及位置如图 B-1 所示。

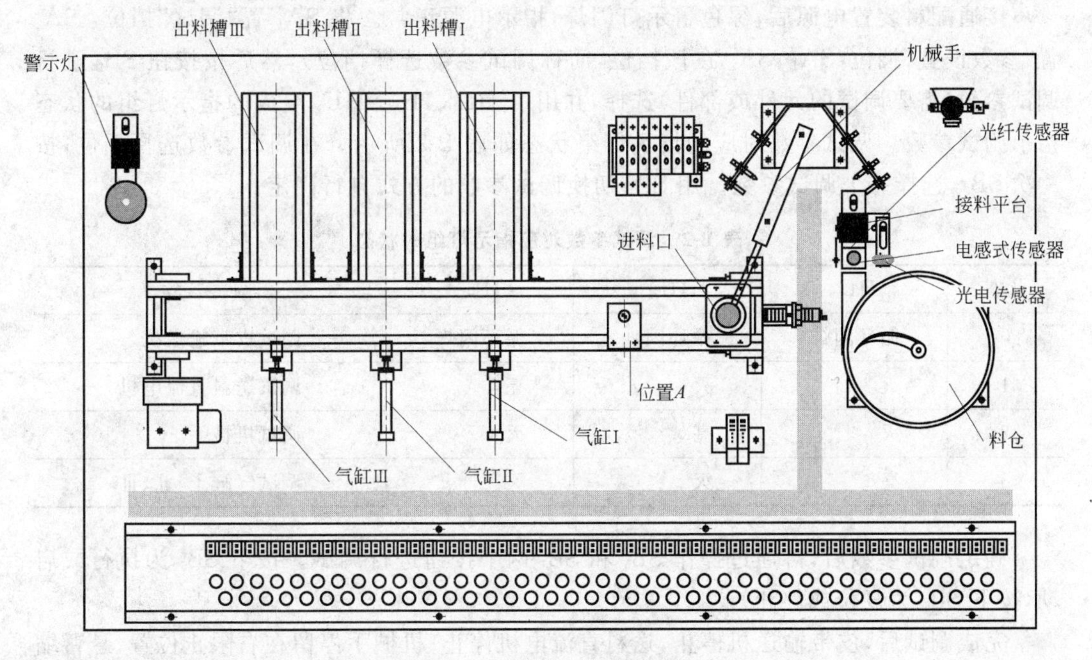

图 B-1　配料装置部件示意图

配料装置设置了调试和配料两种功能。用转换开关 SA_1 进行功能变换，用 SA_2 设置功能的参数和锁定选择的功能。

当 SA_1 在左挡位时（常闭触点闭合，常开触点断开），选择的功能为调试；当 SA_1 在右挡位时（常闭触点断开，常开触点闭合），选择的功能为配料。当 SA_2 在左挡位时（常闭触点闭合，常开触点断开），可设置功能参数；当 SA_2 在右挡位时（常闭触点断开，常开触点闭合），为功能锁定，如图 B-2 所示。

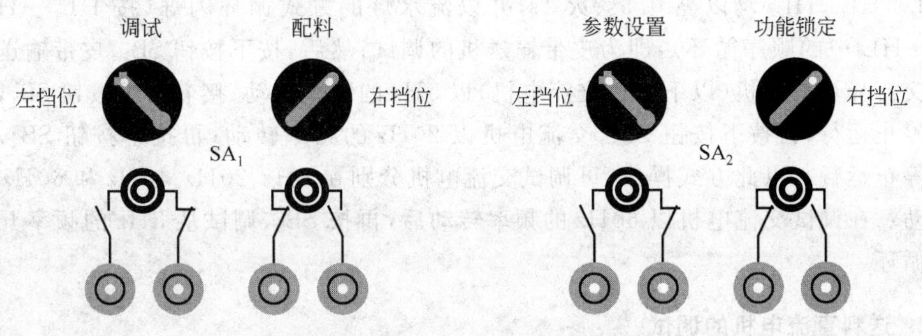

图 B-2　SA_1 与 SA_2 的挡位与功能

一、配料装置的调试

在对配料装置进行安装、更换元器件后，以及每次配料前，都必须对配料装置进行调试。

接通配料装置电源后，绿色警示灯闪烁，指示电源正常。将 SA_1 置“调试”挡位，SA_2 置“参数设置”挡位(SA_1、SA_2 在该挡位，简称调试参数选择挡位)，然后按按钮 SB_4 进行调试参数(需要调试的元件或部件)选择，并用由 HL_4、HL_5、HL_6 组成的指示灯组的状态指示调试参数。调试参数对应的指示灯组状态如表 B-2 所示。在调试参数选择挡位，按一次 SB_4，选择一个调试参数。用 SB_4 切换调试参数的方式自行确定。

表 B-2 调试参数对应指示灯组的状态

状态	HL_4	HL_5	HL_6	调试参数
0	循环闪烁	循环闪烁	循环闪烁	调试皮带输送机
1	灭	灭	亮	调试送料直流电机
2	灭	亮	灭	调试机械手
3	亮	灭	灭	调试气缸Ⅰ、Ⅱ、Ⅲ

确定调试参数后，再通过操作 SB_5 和 SB_6 两个按钮进行调试。按下 SB_5 为执行或启动，按下 SB_6 为复位或停止。

完成调试后，皮带输送机停止，送料直流电机停止；机械手停留在右限止位置、悬臂缩回到位，手臂上升到位，手指夹紧；气缸Ⅰ、Ⅱ、Ⅲ活塞杆处于缩回的状态。这些部件在完成调试的位置称为初始位置。

1. 皮带输送机的调试

要求皮带输送机在调试的每一个频率段都不能有不转、打滑或跳动过大等异常情况。

在“调试参数”选择挡位，再按参数选择按钮 SB_4。选择指示灯组为“0”状态，指示灯 HL_4、HL_5、HL_6 均以亮 0.5s、灭 1s，并以流水灯的方式循环闪烁(按 $HL_4 \rightarrow HL_5 \rightarrow HL_6 \rightarrow HL_4 \cdots$ 的顺序循环)，即为皮带输送机的调试；然后，按下按钮 SB_5，皮带输送机的三相交流异步电动机(以下简称交流电机)以 5Hz 的频率转动；接着按下按钮 SB_6，交流电机停止运行；再按下按钮 SB_5，交流电机以 20Hz 的频率转动；再按下按钮 SB_6，交流电机停止运行。以此方式操作，可调试交流电机分别在 5Hz、20Hz、40Hz 和 60Hz 频率的转动。在调试交流电机以 60Hz 的频率转动后，再按 SB_5，调试从 5Hz 的频率开始并如此循环。

2. 送料直流电机的调试

要求送料直流电机启动后没有卡阻、转速异常或不转等情况。

在“调试参数”选择挡位，再按参数选择按钮 SB_4。选择指示灯组为“1”状态，指示灯

HL_4 与 HL_5 灭，HL_6 常亮，即为送料直流电机的调试。然后，按下按钮 SB_5，送料直流电机启动；按下 SB_6 按钮，送料直流电机停止。如此交替按下 SB_5 和 SB_6，可调试送料直流电机的运行。

3. 机械手的调试

要求各气缸活塞杆动作速度协调，无碰擦现象；每个气缸的磁性开关的安装位置合理，信号准确；最后，机械手停止在右限止位置，气手指夹紧，其余各气缸活塞杆处于缩回状态。

在"调试参数"选择挡位，再按参数选择按钮 SB_4。选择指示灯组为"2"状态，指示灯 HL_4 与 HL_6 灭，HL_5 常亮，即为机械手的调试。然后，按下按钮 SB_5，旋转气缸转动；按下 SB_6 按钮，旋转气缸转回原位。再按下按钮 SB_5，悬臂气缸活塞杆伸出；按下按钮 SB_6，悬臂气缸活塞杆缩回。再按下按钮 SB_5，手臂气缸活塞杆下降；按下按钮 SB_6，手臂气缸活塞杆上升。再按下按钮 SB_5，手指松开；按下按钮 SB_6，手指夹紧。如此交替操作按钮 SB_5、SB_6，可调试各个气缸的运动情况。

4. 气缸Ⅰ、Ⅱ、Ⅲ的调试

要求各气缸活塞杆动作速度协调，无碰擦现象；最后，各个气缸活塞杆处于缩回状态。

在"调试参数"选择挡位，按参数选择按钮 SB_4，选择指示灯组为"3"状态，指示灯 HL_4 常亮，HL_5 与 HL_6 灭，即为气缸Ⅰ、Ⅱ、Ⅲ的调试。然后按下按钮 SB_5，气缸Ⅰ活塞杆伸出；按下按钮 SB_6，气缸Ⅰ活塞杆缩回。再按下按钮 SB_5，气缸Ⅱ活塞杆伸出；按下按钮 SB_6，气缸Ⅱ活塞杆缩回。再按下按钮 SB_5，气缸Ⅲ活塞杆伸出；按下按钮 SB_6，气缸Ⅲ活塞杆缩回。如此交替操作按钮 SB_5、SB_6，可调试各个气缸的运动情况。

二、配料装置的配料

某材料由金属、白色非金属和黑色非金属原料按一定比例配置，再经过其他生产工艺加工而成，配料装置仅为该材料配料。

金属、白色非金属和黑色非金属原料配置的比例不同，构成该材料系列中的不同类型。该配料装置为系列材料中的 M 型和 F 型材料配料。

先将 SA_1 置于右挡位（配料挡位），SA_2 置于左挡位（参数设置挡位），然后用按钮 SB_4 进行配料类型选择，并用由 HL_4、HL_5、HL_6 组成的指示灯组的状态指示配料类型。配料类型对应的指示灯组状态如表 B-3 所示。在此挡位，按一次 SB_4，选择一个配料类型。用 SB_4 切换配料类型的方式自行确定。

表 B-3　配料类型对应指示灯组的状态

序号	HL_4	HL_5	HL_6	运行功能
1	亮	亮	灭	为 M 型材料配料
2	灭	亮	亮	为 F 型材料配料

选定配料类型后，SA_1 不变，将 SA_2 置于右挡位，锁定配料类型。然后，按启动按钮 SB_5，配料装置才能为选定的材料类型配料。

为了保证配料装置为每一种类型的材料配料的可靠和正确显示，避免由于误操作可能带来的不良后果，要求程序编写时必须考虑以下要求：

(1) 配料装置相关部件必须停留在初始位置时，才能选择配料类型。

(2) SA_2 置于左挡位(参数设置挡位)时，按下 SB_5 启动按钮，配料装置不能启动。

(3) SA_2 置于右挡位(锁定挡位)后，再按 SB_4 参数选择按钮，不能选择配料类型。

1. 为 M 型材料配料

在 M 型材料中，金属、白色非金属和黑色非金属原料的比例是 1∶1∶1；数量和送达要求是：每个槽中的数量为 2，送达出料槽Ⅰ中的为金属原料，出料槽Ⅱ中的为黑色非金属原料，出料槽Ⅲ中的为白色非金属原料。对于送达原料，没有先后顺序的要求。

配料装置的动作及其要求为：按下启动按钮 SB_5，指示灯 HL_4 由常亮变为以亮 1s、灭 1s 的方式闪烁，指示灯 HL_5 保持常亮，指示配料装置处在“为 M 型材料配料”运行状态，交流电机以 20Hz 频率运行。

当接料平台无原料时，送料直流电机转动，将原料送达接料平台后停止。若送料直流电机连续转动 5s 仍没有原料送到接料平台，则蜂鸣器鸣叫报警，提示料仓中没有原料。将原料放入料仓且有原料送达接料平台后，蜂鸣器停止鸣叫。

原料送达接料平台后，手指松开→手臂下降→手指合拢夹持原料→延时 0.5s→手臂上升。若抓取的原料符合分送要求，则机械手转动到左限止位置→悬臂伸出→手臂下降→手指松开，将原料从传送带进料口放上皮带输送机→手臂上升→悬臂缩回→手指合拢→机械手转动到右限止位置停止，完成一次原料的搬运。若抓取的原料不符合分送要求，则悬臂伸出→手指松开，将原料重新放回料仓→悬臂缩回→手指合拢，停止在初始位置。

机械手将原料搬离接料平台，送料直流电机立即转动，送出下一个原料。

原料搬运到传送带上，到达指定的出料槽位置后，直接推出，皮带输送机不需要停止。

完成配料后，配料装置自动停止。

提示：接料平台处装有一个光电传感器、一个光纤传感器和一个电感式传感器，可通过检测到的信号区别送达接料平台的原料种类。

2. 为 F 型材料配料

在 F 型材料中，金属、白色非金属和黑色非金属原料的比例是 1∶2∶3；数量和送达要求是：送达出料槽Ⅰ和出料槽Ⅱ各 1 组(1 个金属、2 个白色、3 个黑色为 1 组)，先送出料槽Ⅰ，送完出料槽Ⅰ，再送出料槽Ⅱ。送料顺序为：先黑色再金属，最后白色。

配料装置的动作及其要求：按下启动按钮 SB_5，HL_6 指示灯由常亮变为以亮 1s、灭 1s 的方式闪烁，HL_5 保持常亮，指示配料装置处在为“F 型材料配料”运行状态。皮带输送机以 20Hz 频率运行。

送料与机械手搬运原料的动作及其要求，与为M型材料配料的动作及其要求相同。

原料到达传送带上，重量合格，才能被送到出料槽Ⅰ和出料槽Ⅱ。

原料到达位置A，皮带输送机停止对原料进行重量检测，HL_3以亮1s、灭1s的方式指示原料在进行重量检测，重量检测时间为5s；重量检测完毕，HL_3熄灭。重量检测期间，机械手搬运的原料到达传送带进料口上方时，应停止在此位置，待被检测原料的重量检测完毕，再将原料放上传送带。若重量检测完毕后没有原料送到传送带，则被检测原料在此处等待。当下一原料被放入传送带后，交流电机重新以20Hz的频率转动，带动皮带输送机输送原料。当经过重量检测并合格的原料到达指定的出料槽位置后，直接推出，皮带输送机不需要停止。

若在重量检测期间按按钮SB_4，则为原料重量不合要求。当原料重量检测不合格时，该原料送入出料槽Ⅲ。

送达出料槽Ⅰ和出料槽Ⅱ的原料数量符合要求后，配料装置自动停止。

三、装置停止

1. 正常停止

在配料过程中，按停止按钮SB_6，装置应完成当前配料工作（即出料槽中送达的原料数量达到配料要求）后停止。

2. 紧急停止

配料装置运行过程中如果遇到各类意外事故，需要紧急停止时，请按下急停开关QS，配料装置立刻停止运行并保持急停瞬间的状态，同时蜂鸣器鸣叫报警。再启动时，必须复位急停开关，然后按启动按钮SB_5，配料装置接着急停瞬间的状态继续运行，同时蜂鸣器停止鸣叫。

3. 突然断电

配料装置运行过程中突然断电时，配料装置停止运行并保持断电瞬间的状态。恢复供电后，蜂鸣器鸣叫报警。再次按下启动按钮SB_5，蜂鸣器停止鸣叫，配料装置接着断电瞬间保持的状态继续运行。

四、意外情况处理

在本次工作任务中，只考虑以下意外情况：机械手搬运过程中有可能出现手指没有抓稳原料，造成原料不能被搬离接料平台，或搬离接料平台后在搬运途中掉下。如果出现上述情况，机械手应立刻返回到初始位置停止，同时蜂鸣器鸣叫报警。待查明原因并排除故障后，按启动按钮SB_5，机械手才能继续运行，同时蜂鸣器停止鸣叫。

附页 B-1

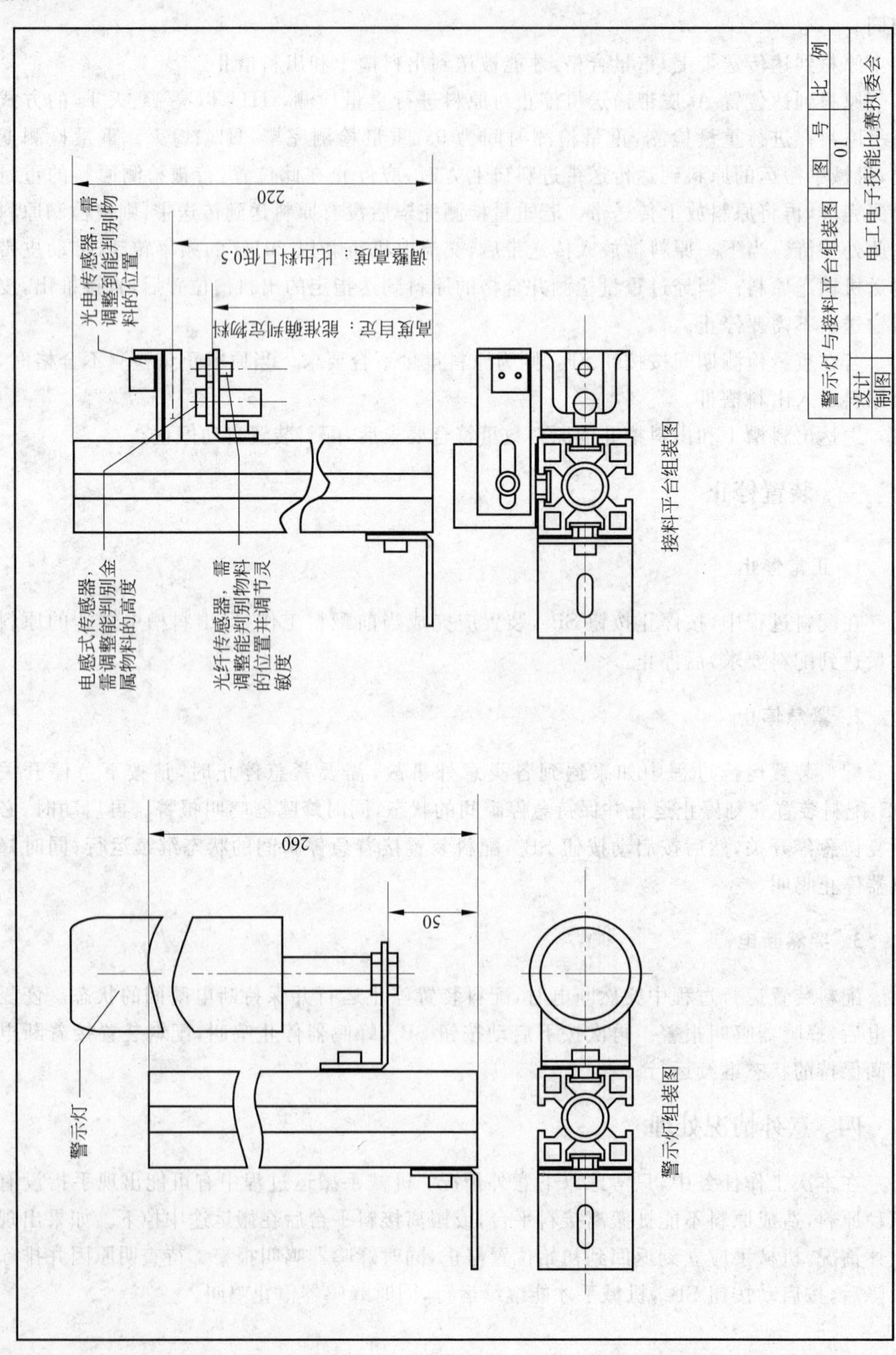
光电传感器，需调整到能判别物料的位置
220
调整高度：比出料口低0.5
高度自定：能准确判定物料
电感式传感器，需调整能判别金属物料的高度
光纤传感器，需调整能判别物料的位置并调节灵敏度
接料平台组装图
260
50
警示灯
警示灯组装图
警示灯与接料平台组装图
图号
01
比例
设计
制图
电工电子技能比赛执委会

附页 B-2

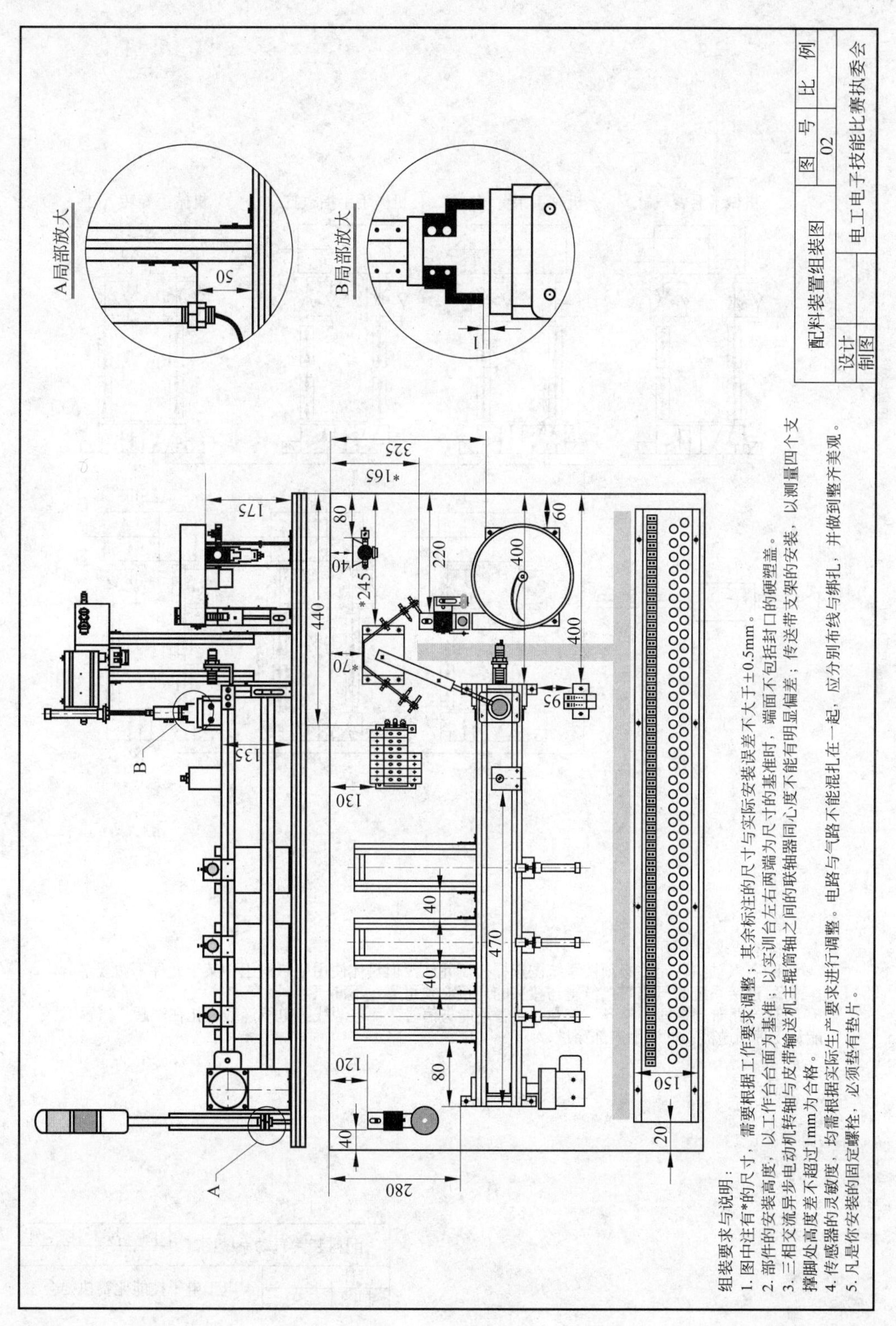
A局部放大
50
B局部放大
1
175
80
40
*165
325
220
400
60
*245
440
400
*70
95
135
130
B
40
40
470
120
80
40
280
150
20
A
配料装置组装图
图号
02
比例
设计
制图
电工电子技能比赛执委会
组装要求与说明：
1. 图中注有*的尺寸，需要根据工作要求调整；其余标注的尺寸与实际安装误差不大于±0.5mm。
2. 部件的安装高度，以工作台台面为基准；以实训台左右两端为尺寸的基准时，端面不包括封口的硬塑盖。
3. 三相交流异步电动机转轴与皮带输送机主辊筒轴之间的联轴器同心度不能有明显偏差；传送带支架的安装，以测量四个支撑脚处高度差不超过1mm为合格。
4. 传感器的灵敏度，均需根据实际生产要求进行调整。电路与气路不能混扎在一起，应分别布线与绑扎，并做到整齐美观。
5. 凡是你安装的固定螺栓，必须垫有垫片。

附页 B-3

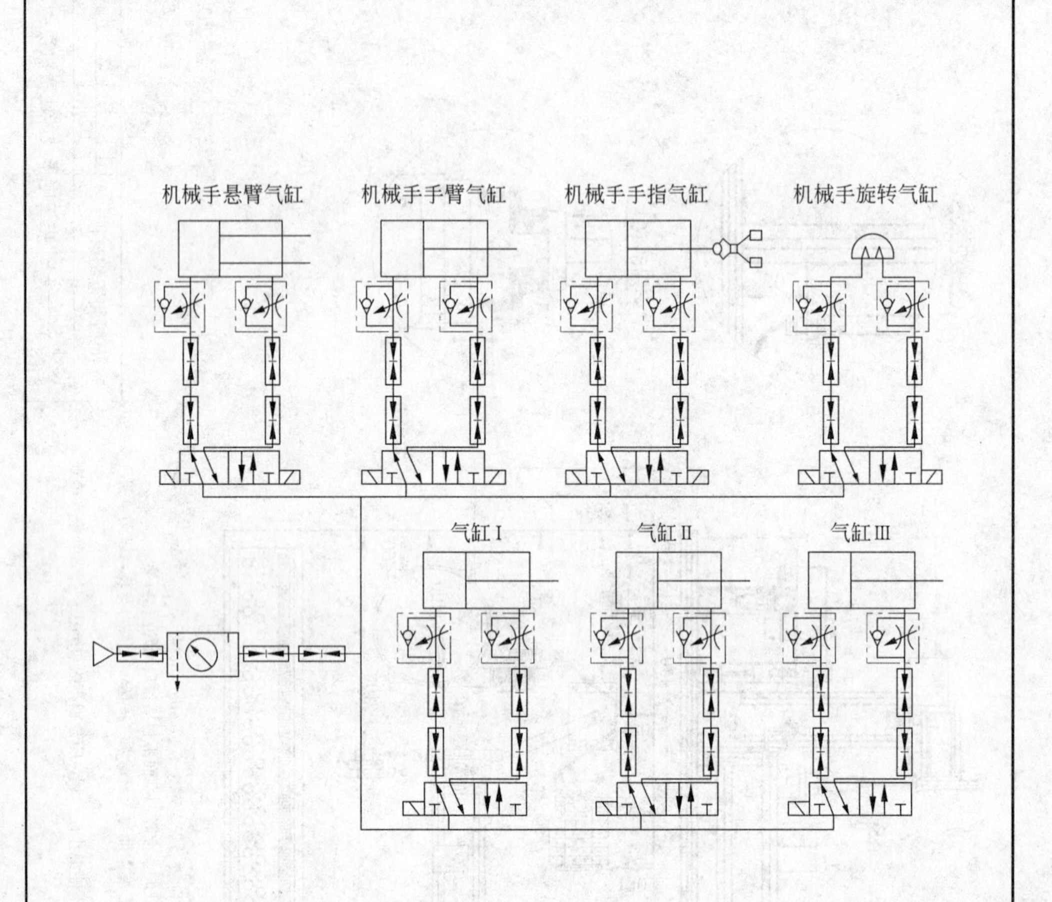

技术要求与说明：

1. 各气动执行元件必须按系统图选择控制元件，但具体使用电磁阀组中某个元件不做规定。
2. 连接系统的气路时，气管与接头的连接必须可靠，不漏气。
3. 气路布局合理，整齐、美观。气管不能与信号线、电源线等电气连线绑扎在一起，气管不能从皮带输送机、机械手内部穿过。

配料装置气动系统图		图　号	比　例
		03	
设计		电工电子技能比赛执委会	
制图			

附页 B-4

配料装置电气控制原理图		图号	比例
		04	
设计		电工电子技能比赛执委会	
制图			

2011全国职业院校技能大赛
中职组机电一体化设备组装与调试技能比赛任务书

本次组装与调试的机电一体化设备为分装机。请你仔细阅读分装机和触摸屏的说明，理解应完成的工作任务与要求，在 270 分钟内按要求完成指定的工作。

工作任务与要求

一、按《料仓组装图》(附页 C-1)组装分装机的料仓。

二、按《分装机部件组装图》(附页 C-2)组装分装机，并满足图纸提出的技术要求。

三、按《分装机气动系统图》(附页 C-3)连接分装机的气路，并满足图纸提出的技术要求。

四、根据如表 C-1 所示的 PLC 输入/输出端子(I/O)分配，在赛场提供的图纸(附页 C-4)上画出分装机电气原理图并连接电路。你画的电气原理图和连接的电路应符合下列要求。

表 C-1　PLC 输入/输出端子(I/O)分配表

输入端子			功能说明	输出端子			功能说明
三菱PLC	西门子PLC	松下PLC		三菱PLC	西门子PLC	松下PLC	
X0	I0.0	X0	启动按钮 SB_5	Y0	Q0.0	YA	皮带正转
X1	I0.1	X1	停止按钮 SB_6	Y1	Q0.1	YB	皮带反转
X2	I0.2	X2	急停开关 QS	Y2	Q0.2	YC	皮带低速
X3	I0.3	X3	质量不合格按钮 SB_4	Y3	Q0.3	YD	皮带中速
X4	I0.4	X4	功能选择开关 SA_1	Y4	Q0.4	Y0	红色警示灯
X5	I0.5	X5	调试部件选择 SB_1	Y5	Q0.5	Y1	料仓送料电机
X6	I0.6	X6	调试部件选择 SB_2	Y6	Q0.6	Y2	蜂鸣器
X7	I0.7	X7	调试部件选择 SB_3	Y7	Q0.7	Y3	HL_3(红)
X10	I1.0	X8	检测平台光电传感器	Y10	Q1.0	Y4	HL_4(黄)
X11	I1.1	X9	料仓出口光纤传感器	Y11	Q1.1	Y5	HL_5(绿)

续表

输入端子			功能说明	输出端子			功能说明
三菱PLC	西门子PLC	松下PLC		三菱PLC	西门子PLC	松下PLC	
X12	I1.2	XA	料仓出口漫射型光电传感器	Y12	Q1.2	Y6	HL_6(红)
X13	I1.3	XB	电感式传感器	Y13	Q1.3	Y7	手爪合拢
X14	I1.4	XC	*B*口光纤传感器	Y14	Q1.4	Y8	手爪张开
X15	I1.5	XD	*B*口气缸伸出到位检测	Y15	Q1.5	Y9	旋转气缸左转
X16	I1.6	XE	*B*口气缸缩回到位检测	Y16	Q1.6	Y10	旋转气缸右转
X17	I1.7	XF	旋转气缸左转到位检测	Y17	Q1.7	Y11	悬臂伸出
X20	I2.0	X10	旋转气缸右转到位检测	Y20	Q2.0	Y12	悬臂缩回
X21	I2.1	X11	悬臂伸出到位检测	Y21	Q2.1	Y13	手臂上升
X22	I2.2	X12	悬臂缩回到位检测	Y22	Q2.2	Y14	手臂下降
X23	I2.3	X13	手臂上升到位检测	Y23	Q2.3	Y15	*B*口气缸伸出
X24	I2.4	X14	手臂下降到位检测	Y24	Q2.4	Y16	*C*口气缸伸出
X25	I2.5	X15	手爪合拢到位检测	Y25	Q2.5	Y17	
X26	I2.6	X16	*C*口气缸伸出到位检测	Y26	Q2.6	Y18	
X27	I2.7	X17	*C*口气缸缩回到位检测	Y27	Q2.7	Y19	

1. 电气原理图按2011年5月29日武汉说明会的要求绘制。

2. 凡是你连接的导线，必须套上写有编号的编号管。交流电机金属外壳与变频器的接地极必须可靠接地。

3. 工作台上各传感器、电磁阀控制线圈、送料直流电机、警示灯的连接线，必须放入线槽内；为减小对控制信号的干扰，工作台上交流电机的连接线不能放入线槽。

五、请你正确理解分装机的调试、分装要求，以及指示灯的亮灭方式、异常情况的处理等，编写分装机的PLC控制程序并设置变频器的参数。

注意：*在使用计算机编写程序时，请随时保存已编好的程序，保存的文件名为工位号＋A(如3号工位的文件名为“3A”)。*

六、请你按触摸屏界面制作和监控要求的说明，制作触摸屏的4个界面，并设置和记录相关参数，实现触摸屏对分装机的监控。

七、请你调整传感器的位置和灵敏度，调整机械部件的位置，完成分装机的整体调试，使分装机能按照要求完成物料的分装。

一、分装机说明

分装机各部件和器件名称及位置如图C-1所示。

分装机设置了“调试”和“运行”两种功能。用转换开关SA_1在分装机停止的状态进行功能变换。当SA_1在左挡位时(常闭触点闭合，常开触点断开)，选择的功能为“调试”；当SA_1在右挡位时(常闭触点断开，常开触点闭合)，选择的功能为“运行”。

调试或运行前，分装机的有关部件必须在原位。各有关部件的原位情况是：机械手悬

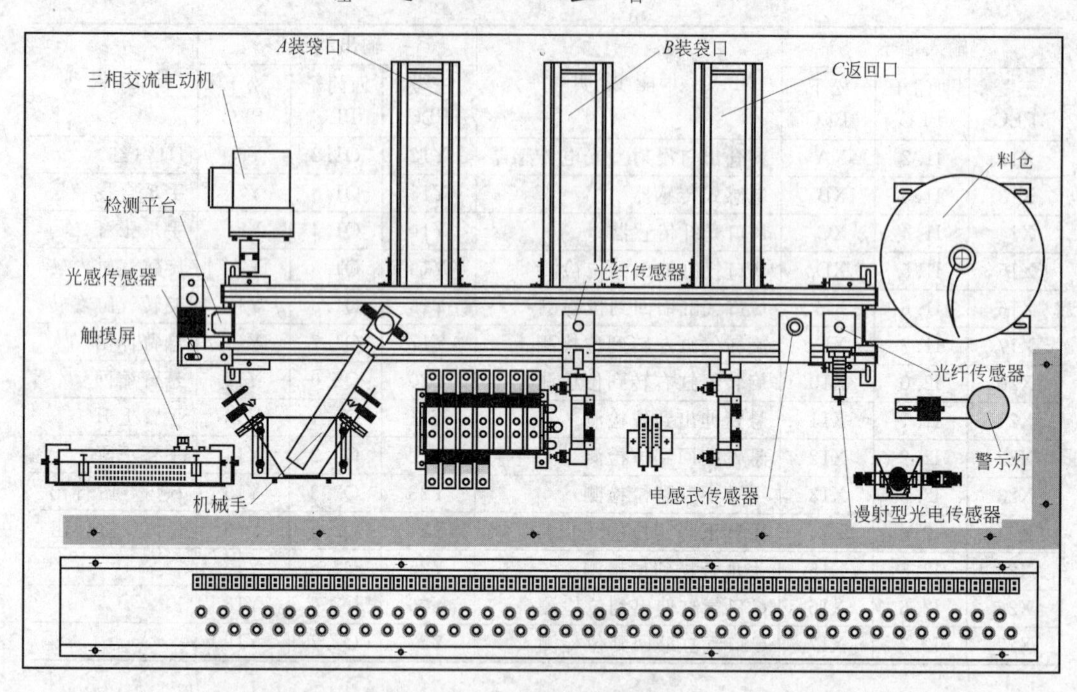

图 C-1　分装机部件示意图

臂和手臂气缸活塞杆缩回，手爪张开，停留在检测平台上方；B 装袋口和 C 返回口的气缸活塞杆处于缩回状态，皮带输送机的三相交流电动机、送料机构的直流电机停止转动。

接通分装机电源后，绿色警示灯闪烁，指示电源正常；运行 PLC，红色警示灯闪烁，指示 PLC 处于运行状态。

（一）分装机的调试

分装机按规定需要调试时，必须对分装机的相关部件进行调试。

将 SA_1 置“调试”挡位，指示灯 HL_3 按 2 次/s 的方式闪亮，指示分装机的功能为“调试”；同时，触摸屏首页界面显示[调试界面]键，隐藏[运行界面]键。

用 SB_1、SB_2 和 SB_3 的组合来选择调试部件（分装机在原位时），然后按按钮 SB_5 或触摸屏分装机调试界面的[调试]键进行调试。由 SB_1、SB_2 和 SB_3 的组合状态确定调试部件后，对应的指示灯显示调试的部件。触摸屏“分装机调试”界面中显示调试部件名称的显示框变为常亮。调试部件选定后 3s 内不再另做选择，显示框由常亮变为闪烁时，方可进行选定部件的调试。SB_1、SB_2 和 SB_3 的组合状态确定的调试部件以及对应指示灯的状态如表 C-2 所示。

表 C-2　调试部件对应的按钮和指示灯组状态

按　钮			调试部件	指　示　灯		
SB_1	SB_2	SB_3		HL_4	HL_5	HL_6
0	0	1	送料机构	灭	灭	亮
0	1	0	皮带输送机	灭	亮	灭

续表

按钮			调试部件	指示灯		
SB_1	SB_2	SB_3		HL_4	HL_5	HL_6
0	1	1	机械手	灭	亮	亮
1	0	0	B装袋口	亮	灭	灭
1	0	1	C返回口	亮	灭	亮

1. 送料机构的调试

要求送料机构的直流电机启动后没有卡阻、转速异常或不转等情况。

在选定调试部件为送料机构后，触摸屏分装机调试界面显示调试部件名称框"送料机构"变为闪亮，按启动按钮 SB_5 或触摸屏上的调试键，送料机构的直流电机转动；再按启动按钮 SB_5 或触摸屏上的调试键，送料机构的直流电机停止。反复按启动按钮 SB_5 或触摸屏上的调试键，送料机构的直流电机按转动、停止交替。按下停止按钮 SB_6 或触摸屏分装机调试界面的停止键，直流电机停止转动后，停止送料机构的调试，同时触摸屏分装机调试界面显示调试部件名称框"送料机构"由闪亮变为常亮。

2. 皮带输送机的调试

要求皮带输送机在调试的每一个频率段都不能出现不转动、打滑或跳动过大等异常情况。

在选定调试部件为皮带输送机后，触摸屏分装机调试界面显示调试部件名称框"皮带输送机"变为闪亮，第一次按启动按钮 SB_5 或触摸屏上的调试键，变频器输出 10Hz 的频率，驱动皮带输送机的三相交流电动机正向（物料由料仓向检测平台方向运动为正向）转动；第二次按启动按钮 SB_5 或触摸屏上的调试键，变频器输出 35Hz 的频率，驱动皮带输送机的三相交流电动机正向转动；第三次按启动按钮 SB_5 或触摸屏上的调试键，变频器输出 45Hz 的频率，驱动皮带输送机的三相交流电动机正向转动；第四次按启动按钮 SB_5 或触摸屏上的调试键，变频器输出 35Hz 的频率，驱动皮带输送机的三相交流电动机反向转动；再按启动按钮 SB_5 或触摸屏上的调试键，皮带输送机的三相交流电动机按第一次的运行方式运行。如此反复按下按钮 SB_5 或调试键，皮带输送机的三相交流电动机按上述顺序循环运行。按停止按钮 SB_6 或触摸屏上的停止键，三相交流电动机停止运行后，停止对皮带输送机的调试，同时，触摸屏分装机调试界面显示调试部件名称框"皮带输送机"由闪亮变为常亮。

3. 机械手的调试

要求各气缸活塞杆动作速度协调，无碰擦现象；每个气缸的磁性开关安装位置合理、信号准确；最后，机械手停止在原位。

在选定调试部件为机械手调试后，触摸屏分装机调试界面显示调试部件名称框"机械手"变为闪亮，第一次按启动按钮 SB_5 或触摸屏上的调试键，手臂下降→手爪合拢→手臂上升→手爪张开后停止；第二次按启动按钮 SB_5 或触摸屏上的调试键，手爪合拢→机械手右转→悬臂伸出→手臂下降→手爪张开→手臂上升→悬臂缩回→机械手转回原位后停止。反复按下按钮 SB_5 或调试键，按上述方式交替进行。按停止按钮 SB_6 或触摸屏上的停止键，机械手回到原位后停止对机械手的调试，同时，触摸屏分装机调试界面显示调试部件名称框“机械手”由闪亮变为常亮。

4. B 装袋口的调试

要求气缸活塞杆动作速度协调，无碰擦现象；最后，气缸活塞杆处于缩回状态。

在选定调试部件为 B 装袋口后，触摸屏分装机调试界面显示调试部件名称框“B 装袋口”变为闪亮，按启动按钮 SB_5 或触摸屏上的调试键，B 装袋口的气缸活塞杆伸出；再按启动按钮 SB_5 或触摸屏上的调试键，B 装袋口的气缸活塞杆缩回。反复按启动按钮 SB_5 或触摸屏上的调试键，气缸活塞杆交替伸出和缩回。按停止按钮 SB_6 或触摸屏上的停止键，气缸活塞杆回到原位后停止对 B 装袋口的调试，同时，触摸屏分装机调试界面显示调试部件名称框“B 装袋口”由闪亮变为常亮。

5. C 返回口的调试

要求气缸活塞杆动作速度协调，无碰擦现象；最后，气缸活塞杆处于缩回状态。

在选定调试部件为 C 返回口后，触摸屏分装机调试界面显示调试部件名称框“C 返回口”变为闪亮，按启动按钮 SB_5 或触摸屏上的调试键，C 返回口的气缸活塞杆伸出；再按启动按钮 SB_5 或触摸屏上的调试键，C 返回口的气缸活塞杆缩回。反复按启动按钮 SB_5 或触摸屏上的调试键，气缸活塞杆交替伸出和缩回。按停止按钮 SB_6 或触摸屏上的停止键，气缸活塞杆回到原位后停止对 C 返回口的调试，同时，触摸屏分装机调试界面显示调试部件名称框“C 返回口”由闪亮变为常亮。

（二）分装机的运行

分装机将料仓中的标称质量（此处的质量是指物质的多少）为 50kg（用黑色塑料圆柱形件代替）、30kg（用金属圆柱形件代替）和 20kg（用白色塑料圆柱形件代替）的物料分送到 A、B 装袋口。两个装袋口的装袋质量均为 100kg。

1. 分装机的正常运行

将 SA_1 置于“运行”挡位，指示灯 HL_3 常亮，指示分装机的功能为“运行”。触摸屏首页界面上显示运行界面键，隐藏调试界面键。

在分装机的“运行”功能下，按下启动按钮 SB_5 或触摸屏“运行监控”界面上的启动键，料仓送料机构直流电机转动，将料仓中的物料送上传送带后停止，同时，变频器输出 35Hz 的频率，驱动皮带输送机三相交流电动机正向运行，将物料送到检测平台后停止。

物料在检测平台停止 3s，检测物料的质量是否与标称质量相符。在检测过程中按按钮 SB_4，表示检测质量与标称质量不相符；然后，用手拿走该物料，同时在触摸屏异常记录界面的“质量检测不合格次数”栏中显示累计不合格的次数。若检测质量与标称质量相符，则分送到 A、B 装袋口。分送到 A 装袋口的物料，由机械手直接搬运；分送到 B 装袋口的物料，先由机械手将物料搬运到传送带上，变频器输出 35Hz 的频率，驱动皮带输送机的三相交流电动机反转，将物料送到 B 装袋口位置时，皮带输送机停止，由该位置的气缸活塞杆伸出，将物料推入 B 装袋口后，气缸活塞杆缩回。

当物料满足两个装袋口的分送条件时，在两个装袋口质量相同的情况下，优先分送 A 装袋口；两个装袋口质量不同时，优先分送质量较大的装袋口。不符合分送到两个装袋口条件的物料，先由机械手将物料搬运到传送带上，变频器输出 35Hz 的频率，驱动皮带输送机的三相交流电动机反转，将物料送到 C 返回口位置时，皮带输送机停止，由该位置的气缸活塞杆伸出，将物料推入 C 返回口后，气缸活塞杆缩回（返回口物料返回料仓的调试不属于本次任务范围）。完成物料处理后，送料机构重新送料。

物料到达装袋口后，运行监控界面中的“A 装袋口分装质量”和“B 装袋口分装质量”栏应分别显示已经进入该装袋口物料的总质量。当某装袋口的总质量达到 100kg 时，用 10s 完成装袋。装袋时，不能向该装袋口送料。完成装袋后，运行监控界面中的“分装机装袋数”栏应显示两个装袋口累计完成的装袋数量，并清除触摸屏运行监控界面上记录的该装袋口分装质量。

2. 正常停止

在分装机上有正在分送物料的情况下，按下停止按钮 SB_6 或触摸屏运行监控界面的停止键，未完成装袋的装袋口都完成装袋后停止。若在分装机（包括装袋口）上没有需要处理的物料情况下，按下停止按钮 SB_6 或触摸屏运行监控界面的停止键，分装机应立即停止。

3. 异常情况

在本次任务中，只考虑下列异常情况：

(1) 紧急停止：若在运行过程中遇到需要紧急停止的意外情况，可按急停开关 QS 或触摸屏运行监控界面的紧急停止键。按下急停开关 QS 或触摸屏运行监控界面的紧急停止键，分装机应保持停止时的状态，蜂鸣器鸣叫，同时触摸屏异常记录界面的“紧急停止次数”栏中显示累计紧急停止的次数。待意外消除，松开急停开关，或再按一次触摸屏运行监控界面的紧急停止键，蜂鸣器停止鸣叫。按下启动按钮 SB_5 或触摸屏运行监控界面的启动键，分装机继续运行。

(2) PLC 供电异常：PLC 断电或电压过低，为供电异常。PLC 供电异常时，分装机应保持刚出现异常时的状态。此时，红色警示灯熄灭，同时触摸屏异常记录界面的“PLC 供电异常次数”栏中显示累计 PLC 供电异常的次数。待供电正常时，按下启动按钮 SB_5 或触摸屏运行监控界面的启动键，分装机继续运行。

(3) 机械手异常：没有抓取检测平台上的物料或在搬运过程中物料从机械手上脱落，为机械手异常。此时，机械手应停止未完成的动作，回到原位，重新抓取或等待下一物料，同时触摸屏异常记录界面的“机械手异常次数”栏中显示累计机械手异常的次数。

(4) 送料机构异常：送料机构直流电机转动后 5s 还没有物料到达皮带输送机，为送料机构异常。此时，送料机构直流电机停止转动，触摸屏异常记录界面的“送料机构异常次数”栏中显示累计送料机构异常的次数。待处理异常情况后，按下启动按钮 SB_5 或触摸屏运行监控界面的启动键，送料机构直流电机转动送料。

二、触摸屏说明

（一）触摸屏的界面

触摸屏有首页、分装机调试、运行监控和异常情况记录四个界面，各界面制作的内容和元件摆放位置如图 C-2 所示。

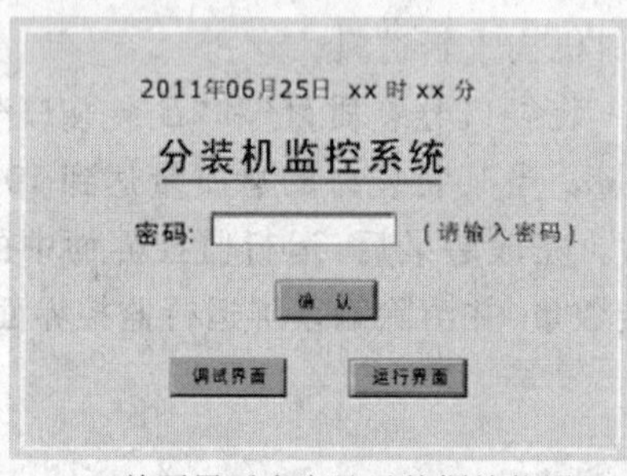

(a) 首页界面内容及元件摆放位置　(b) 分装机调试界面内容及元件摆放位置

(c) 运行监控界面内容及元件摆放位置　(d) 异常情况记录界面内容及元件摆放位置

图 C-2　触摸屏各界面内容及元件摆放位置

（二）各界面的功能说明

1. 首页

触摸屏启动后，进入首页界面。此时，若分装机选择的功能为“调试”，则显示调试界面键，隐藏运行界面键；若分装机选择的功能为“运行”，则显示运行界面键，隐藏调试界面键。

输入密码后，按确认键，输入的密码生效。若输入密码再按确认键后，弹出“请重新输入密码”提示框，说明输入的密码不对，需重新输入正确的密码。

请将正确的密码设置为“235”。输入正确密码后，按显示的键，进入对应的界面。

2. 调试界面

在分装机的功能为“调试”时，按首页界面显示的调试界面键，进入分装机调试界面。

由按钮模块上 SB_1、SB_2 和 SB_3 的组合状态来确定调试部件后，在该界面调试部件显示栏的部件名称显示框▭常亮 3s 后变为闪亮。

界面上的[调试]键与按钮模块的 SB_5 功能相同，用于调试选定的部件；界面上的[停止]键与按钮模块的 SB_6 功能相同，用于停止对该部件的调试。

完成调试后，按[返回首页]键，返回首页界面。

3. 运行监控界面

在分装机的功能为“运行”时，按首页界面显示的[运行界面]键，进入运行监控界面。

界面上的[启动]键与按钮模块的 SB_5 功能相同，控制分装机的启动。界面上的[停止]键与按钮模块的 SB_6 功能相同，控制分装机的停止。界面上的[紧急停止]键与按钮模块的急停开关 QS 的功能相同，控制分装机的紧急停止。

“A 装袋口分装质量”栏▭ kg 记录本次 *A* 装袋口已经到达的物料的总质量。“B 装袋口分装质量”栏▭ kg 记录本次 *B* 装袋口已经到达的物料的总质量。“分装机装袋数”栏记录两个装袋口完成装袋的总装袋数量。该记录由指定人员清除。若需要查看运行过程中出现的异常情况，可按[异常记录界面]键，进入异常情况记录界面。

停止运行后，按[返回首页]键，返回首页界面。

4. 异常情况记录界面

只有在运行界面下，才能进入异常情况记录界面。该界面记录的数据，由指定人员清除。

“送料机构异常次数”栏的▭，累计记录运行中出现送料机构异常的次数。“PLC 供电异常次数”栏的▭，累计记录运行中出现 PLC 供电异常的次数。“质量检测不合格次数”栏的▭，累计记录运行中出现质量检测不合格的次数。“紧急停止次数”栏的▭，累计记录运行中紧急停止的次数。“机械手异常次数”栏的▭，累计记录运行中出现机械手异常的次数。

最后，按[运行界面]键，回到运行界面。

（三）需要记录的文字和数据

你使用的 PLC 型号是：____________________。

你使用的触摸屏型号是：____________________。

1. 在制作首页的[运行界面]键时，该键的功能是________。按首页界面的[运行界面]键，进入运行监控界面的条件是________、________。

2. 在运行监控界面中的“A 装袋口分装质量”栏显示该装袋口分装质量的元(构)件▭ kg，该元(构)件的功能是________。你选择的数据类型(输出格式)为________，整数位选择为________位，小数位选择为________位。

3. 在触摸屏与 PLC 通信参数设置时，你设置触摸屏的波特率为________，数据位为________，奇偶校验方式为________。

附页 C-1

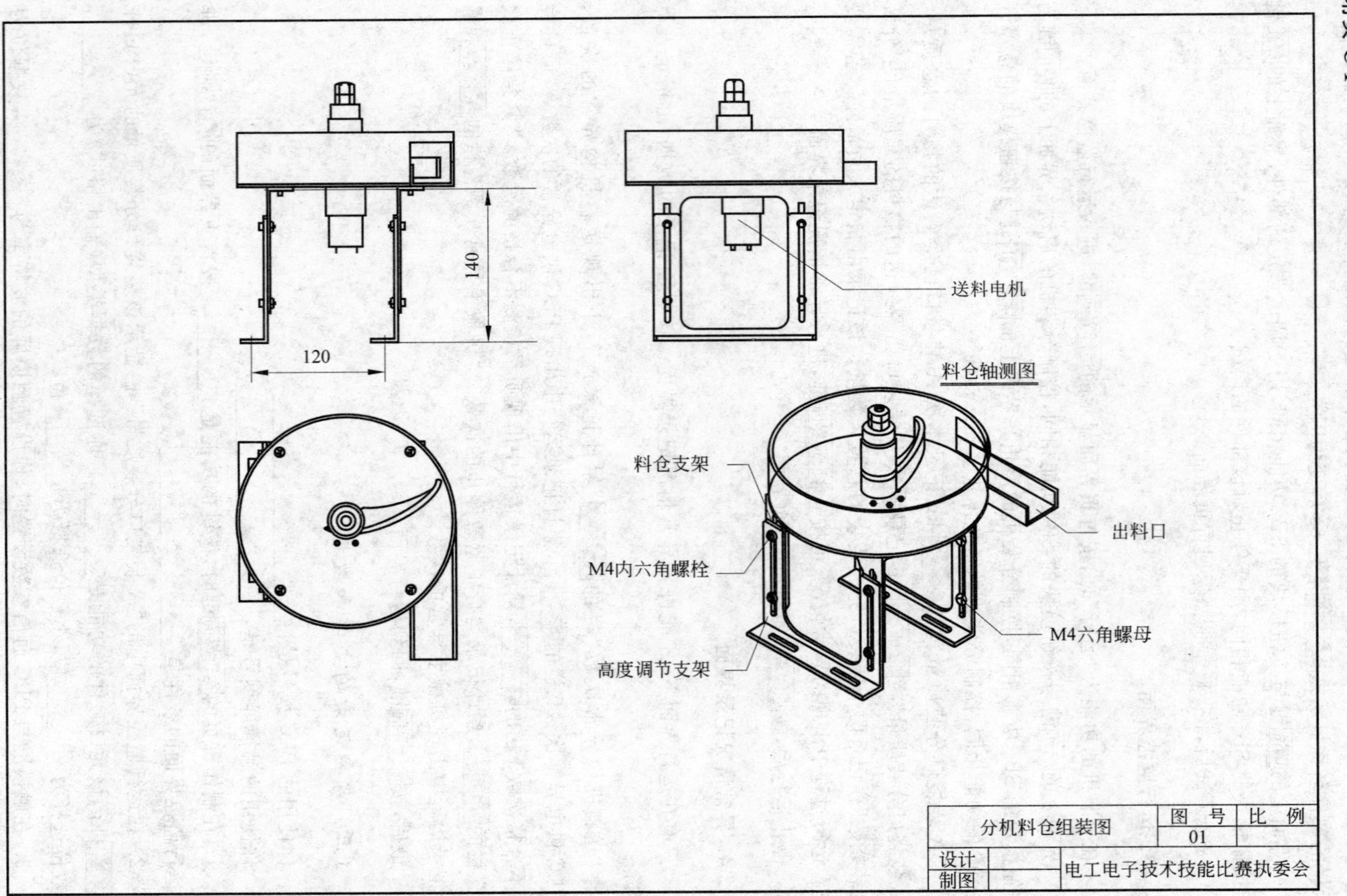

140
120
送料电机
料仓轴测图
料仓支架
出料口
M4内六角螺栓
M4六角螺母
高度调节支架
分机料仓组装图
图号
比例
01
设计
制图
电工电子技术技能比赛执委会

附页 C-2

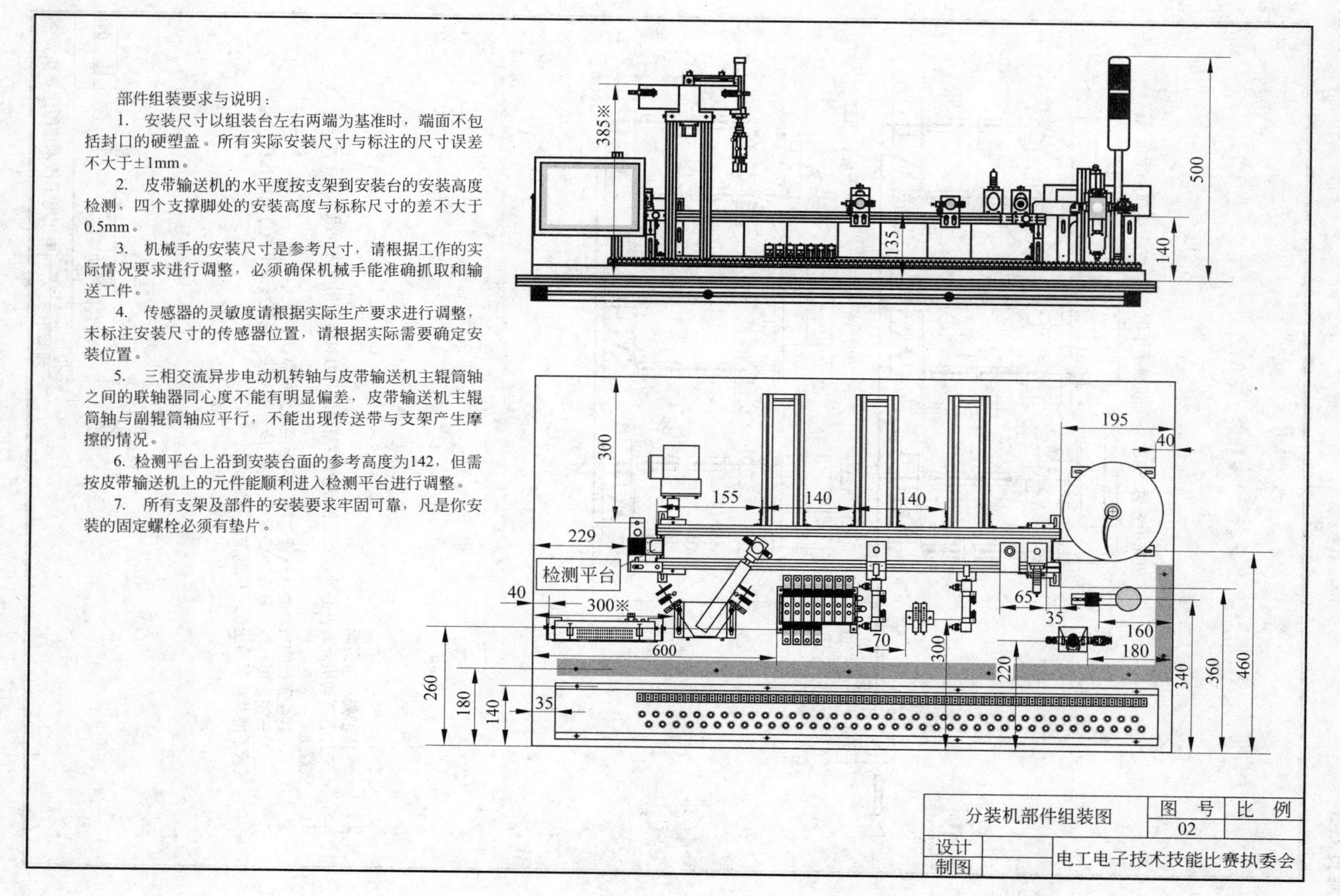
部件组装要求与说明：
1. 安装尺寸以组装台左右两端为基准时，端面不包括封口的硬塑盖。所有实际安装尺寸与标注的尺寸误差不大于±1mm。
2. 皮带输送机的水平度按支架到安装台的安装高度检测，四个支撑脚处的安装高度与标称尺寸的差不大于0.5mm。
3. 机械手的安装尺寸是参考尺寸，请根据工作的实际情况要求进行调整，必须确保机械手能准确抓取和输送工件。
4. 传感器的灵敏度请根据实际生产要求进行调整，未标注安装尺寸的传感器位置，请根据实际需要确定安装位置。
5. 三相交流异步电动机转轴与皮带输送机主辊筒轴之间的联轴器同心度不能有明显偏差，皮带输送机主辊筒轴与副辊筒轴应平行，不能出现传送带与支架产生摩擦的情况。
6. 检测平台上沿到安装台面的参考高度为142，但需按皮带输送机上的元件能顺利进入检测平台进行调整。
7. 所有支架及部件的安装要求牢固可靠，凡是你安装的固定螺栓必须有垫片。
385※
500
140
135
300
155
140
140
195
40
229
检测平台
40
300※
65
35
160
180
70
600
300
220
340
360
460
260
180
140
35
分装机部件组装图
图　号
比　例
02
设计
制图
电工电子技术技能比赛执委会

附页 C-3

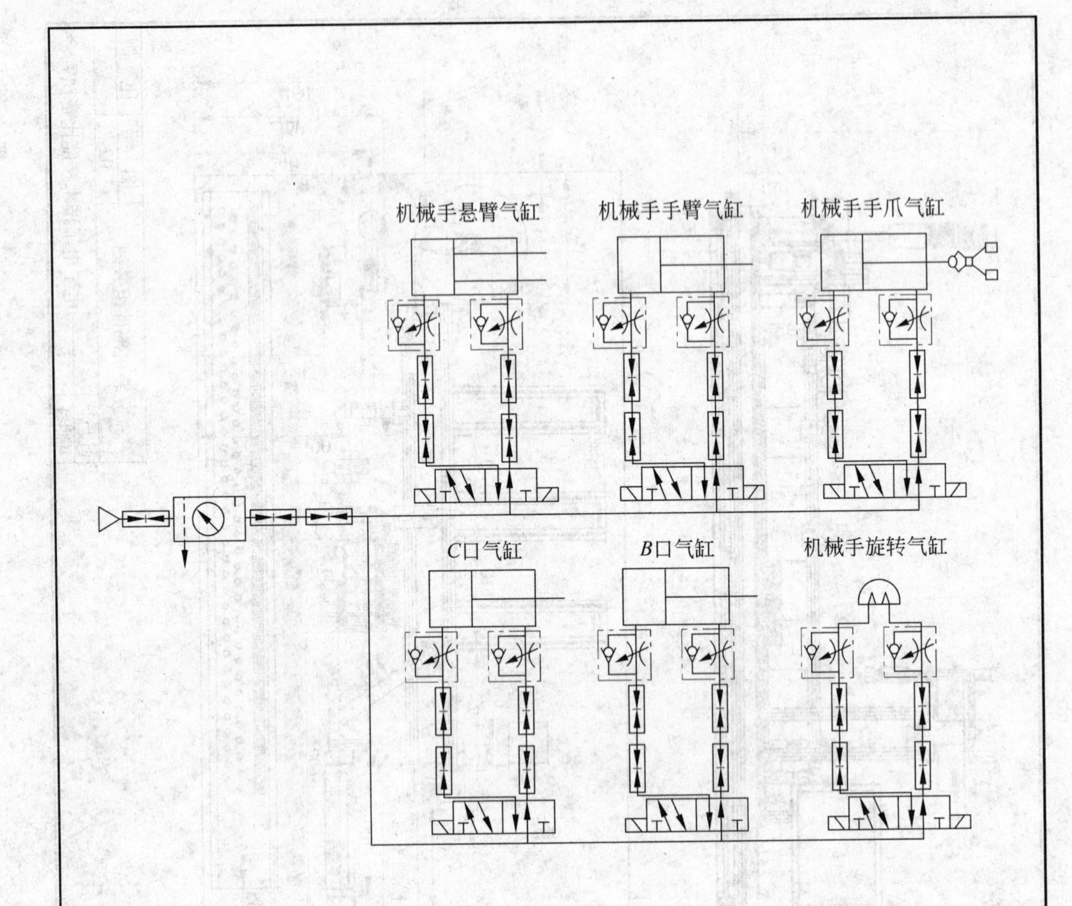

技术要求与说明：

1. 各气动执行元件必须按系统图选择控制元件，但具体使用电磁阀组中某个元件不做规定。

2. 连接系统的气路时，气管与接头的连接必须可靠，不漏气。

3. 气路布局合理，整齐、美观。气管不能与信号线、电源线等电气连线绑扎在一起，气管不能从皮带输送机、机械手内部穿过。

分装机气动系统图		图 号	比 例
		03	
设计		电工电子技术技能比赛执委会	
制图			

附页 C-4

分装机电气原理图		图号	比例
		04	
设计		电工电子技术技能比赛执委会	
制图			

附录 D

2012全国职业院校技能大赛 中职组机电一体化设备组装与调试技能比赛任务书

工作任务与要求

一、按《取料平台组装图》(附页 D-1)组装自动领料装置的取料平台。

二、按《自动领料装置部件组装图》(附页 D-2)组装自动领料装置,并满足图纸提出的技术要求。

三、按《自动领料装置气动系统图》(附页 D-3)连接自动领料装置的气路,并满足图纸提出的技术要求。

四、根据如表 D-1 所示的 PLC 输入/输出端子(I/O)分配,在赛场提供的图纸(附页 D-4)上画出自动领料装置电气原理图并连接电路。你画的电气原理图和连接的电路应符合下列要求。

表 D-1 PLC 输入/输出端子(I/O)分配表

输入端子			功能说明	输出端子			功能说明
三菱 PLC	西门子 PLC	松下 PLC		三菱 PLC	西门子 PLC	松下 PLC	
X0	I0.0	X0	装置模式选择 SA_1	Y0	Q0.0	YA	蜂鸣器
X1	I0.1	X1	组装调试启动按钮 SB_5	Y1	Q0.1	YB	旋转气缸左转
X2	I0.2	X2	调试内容选择按钮 SB_1	Y2	Q0.2	YC	旋转气缸右转
X3	I0.3	X3	调试内容选择按钮 SB_2	Y3	Q0.3	YD	悬臂伸出
X4	I0.4	X4	调试内容选择按钮 SB_3	Y4	Q0.4	Y0	悬臂缩回
X5	I0.5	X5	取料平台 *A* 电感传感器	Y5	Q0.5	Y1	手臂上升
X6	I0.6	X6	取料平台 *A* 光电传感器	Y6	Q0.6	Y2	手臂下降
X7	I0.7	X7	进料口光电传感器	Y7	Q0.7	Y3	手爪合拢
X10	I1.0	X8	领料口一光纤传感器	Y10	Q1.0	Y4	手爪张开

续表

输入端子			功能说明	输出端子			功能说明
三菱PLC	西门子PLC	松下PLC		三菱PLC	西门子PLC	松下PLC	
X11	I1.1	X9	领料口一气缸伸出到位检测	Y11	Q1.1	Y5	领料口一气缸活塞杆伸出
X12	I1.2	XA	领料口一气缸缩回到位检测	Y12	Q1.2	Y6	领料口二气缸活塞杆伸出
X13	I1.3	XB	领料口二光纤传感器	Y13	Q1.3	Y7	
X14	I1.4	XC	领料口二气缸伸出到位检测	Y14	Q1.4	Y8	
X15	I1.5	XD	领料口二气缸缩回到位检测	Y15	Q1.5	Y9	
X16	I1.6	XE	旋转气缸左转到位检测	Y16	Q1.6	Y10	
X17	I1.7	XF	旋转气缸右转到位检测	Y17	Q1.7	Y11	
X20	I2.0	X10	悬臂伸出到位检测	Y20	Q2.0	Y12	红色警示灯
X21	I2.1	X11	悬臂缩回到位检测	Y21	Q2.1	Y13	绿色警示灯
X22	I2.2	X12	手臂上升到位检测	Y22	Q2.2	Y14	三相电动机正转
X23	I2.3	X13	手臂下降到位检测	Y23	Q2.3	Y15	三相电动机低速
X24	I2.4	X14	手爪合拢到位检测	Y24	Q2.4	Y16	三相电动机中速
X25	I2.5	X15		Y25	Q2.5	Y17	三相电动机高速
X26	I2.6	X16		Y26	Q2.6	Y18	
X27	I2.7	X17		Y27	Q2.7	Y19	

1. 电气原理图按2011年5月29日武汉说明会要求绘制，图形符号规范，布局合理，书写工整，图面整洁。

2. 凡是你连接的导线，必须套上写有编号的编号管。带输送机的三相交流电动机（以下简称三相电动机）的金属外壳与变频器的接地极必须可靠接地。

3. 工作台上各传感器、电磁阀控制线圈、警示灯的连接线，必须放入线槽内；为减小对控制信号的干扰，带输送机的三相交流电动机的连接线不能放入线槽。

五、请你正确理解自动领料装置的调试和领料要求、意外情况的处理等，制作触摸屏的各界面，编写自动领料装置的PLC控制程序并设置变频器的参数。

注意：*在使用计算机编写程序时，请你随时保存已编好的程序，保存的文件名为工位号+A（如3号工位的文件名为"3A"）。*

六、请你调整传感器的位置和灵敏度，调整机械部件的位置，完成自动领料装置的整体调试，使自动领料装置能按照领料人的要求完成物料的领取和查询人的查询。

自动领料装置说明

自动领料装置各部件名称及对应位置如图D-1所示。

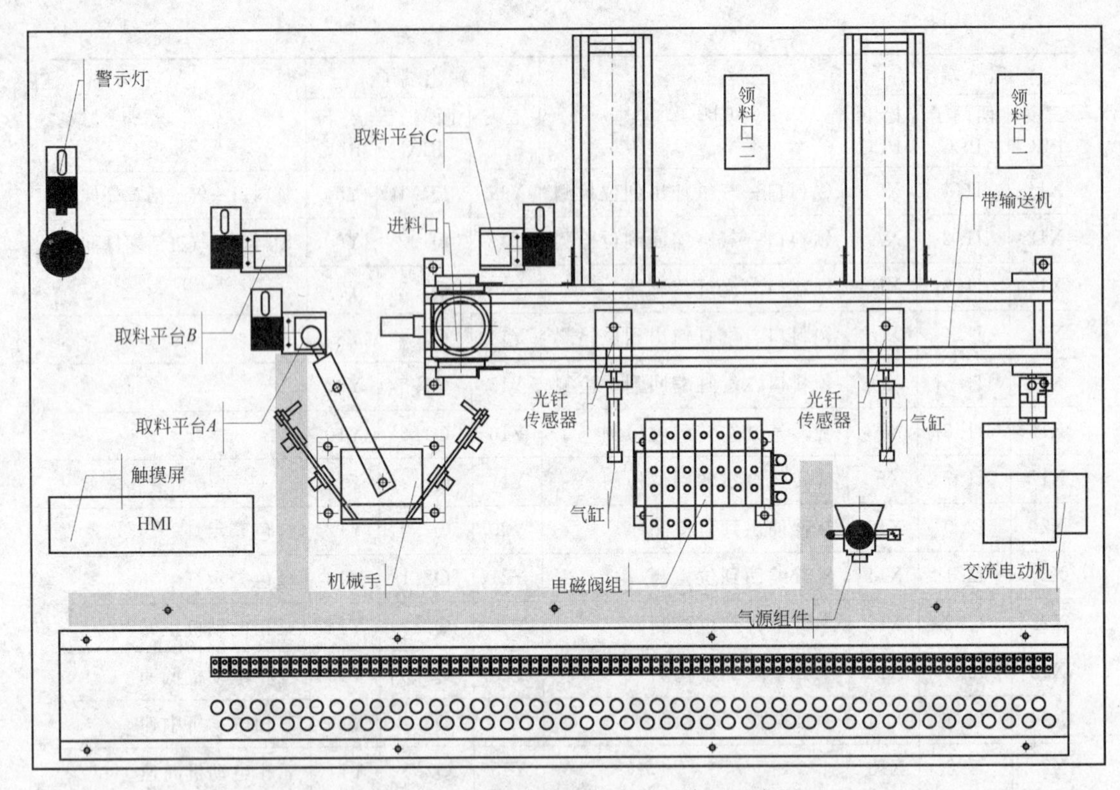

图 D-1 自动领料装置部件名称及位置示意图

该装置有调试和运行两种模式，由装置按钮模块上的转换开关 SA_1 选择。当 SA_1 在右挡位时（常闭触点闭合，常开触点断开），选择的模式为“调试”；当 SA_1 在右挡位时（常闭触点断开，常开触点闭合），选择的模式为“运行”。

（一）自动领料装置的调试

将装置按钮模块上的转换开关 SA_1 置于“调试”挡位，红色警示灯闪烁。在装置处于停止状态时，使用按钮模块的 SB_1、SB_2 和 SB_3 确定调试内容后，按启动按钮 SB_5，进行调试。

SB_1、SB_2 和 SB_3 确定调试内容和调试要求如表 D-2 所示。

表 D-2 SB_1、SB_2 和 SB_3 确定调试内容和调试要求

序号	SB_1	SB_2	SB_3	调试内容	调试要求
1	0	0	1	将取平台 A 的物料送入领料口一后停止	驱动三相电动机的电源频率为 25Hz。机械手能准确地抓取取料平台上的物料并送入进料口。领料口的气缸能将物料推入领料口；机械手和领料口各气缸无卡阻，进出气合适。带输送机不跳动，传送带不跑偏
2	0	1	0	将取平台 A 的物料送入领料口二后停止	驱动三相电动机的电源频率为 25Hz。机械手能准确地抓取取料平台上的物料并送入进料口。领料口的气缸能将物料推入领料口；机械手和领料口各气缸无卡阻，进出气合适。带输送机不跳动，传送带不跑偏

续表

序号	SB_1	SB_2	SB_3	调试内容	调试要求
3	0	1	1	将取平台 *B* 的物料送入领料口一后停止	驱动三相电动机的电源频率为 35Hz。机械手能准确地抓取取料平台上的物料并送入进料口。领料口的气缸能将物料推入领料口；机械手和领料口各气缸无卡阻，进出气合适。带输送机不跳动，传送带不跑偏
4	0	0	1	将取平台 *B* 的物料送入领料口二后停止	驱动三相电动机的电源频率为 35Hz。机械手能准确地抓取取料平台上的物料并送入进料口。领料口的气缸能将物料推入领料口；机械手和领料口各气缸无卡阻，进出气合适。带输送机不跳动，传送带不跑偏
5	1	1	0	将取平台 *C* 的物料送入领料口一后停止	驱动三相电动机的电源频率为 45Hz。机械手能准确地抓取取料平台上的物料并送入进料口。领料口的气缸能将物料推入领料口；机械手和领料口各气缸无卡阻，进出气合适。带输送机不跳动，传送带不跑偏
6	1	1	1	将取平台 *C* 的物料送入领料口二后停止	驱动三相电动机的电源频率为 45Hz。机械手能准确地抓取取料平台上的物料并送入进料口。领料口的气缸能将物料推入领料口；机械手和领料口各气缸无卡阻，进出气合适。带输送机不跳动，传送带不跑偏

注：“0”表示按钮的常开触点断开，“1”表示按钮的常开触点闭合。

（二）自动领料装置的运行

将装置按钮模块上的转换开关 SA_1 置于“运行”挡位，绿色警示灯闪烁，进入触摸屏首页界面，如图 D-2(a)所示。

自动领料装置将黑塑料存放仓的物料送到取料平台 *A*，白塑料存放仓的物料送到取料平台 *B*，金属料存放仓的物料送到取料平台 *C*。然后，根据领料人设定的领料品种与数量，由机械手从取料平台搬运相应的物料，通过进料口送到输送带上，并到达领料人设置的领料口。

注意：本次工作任务书不考虑物料存放仓的物料送达取料平台的问题。运行时，用手将黑塑料放置在取料平台 *A*，白塑料放置在取料平台 *B*，金属料放置在取料平台 *C* 即可。

1. 进入领料设定界面

按触摸屏首页的“领料”键，弹出“请输入账号”对话框，如图 D-2(b)所示，领料人输入自己的账号并确认。若输入的账号不在设置的领料账号范围内，则弹出“请重新输入账号”对话框，如图 D-2(c)所示，领料人需要再次输入账号。若输入的账号还不在设置的领料账号范围，则弹出“你不能领料！”的提示，如图 D-2(d)所示；3s 后，界面自动返回到图 D-2(a)所示的界面。

若领料人输入的账号在设置的领料账号范围，则弹出“请输入密码”对话框，如图 D-3(a)所示。领料人输入自己的密码并确认。若输入的密码正确，则界面切换到触摸屏的领料

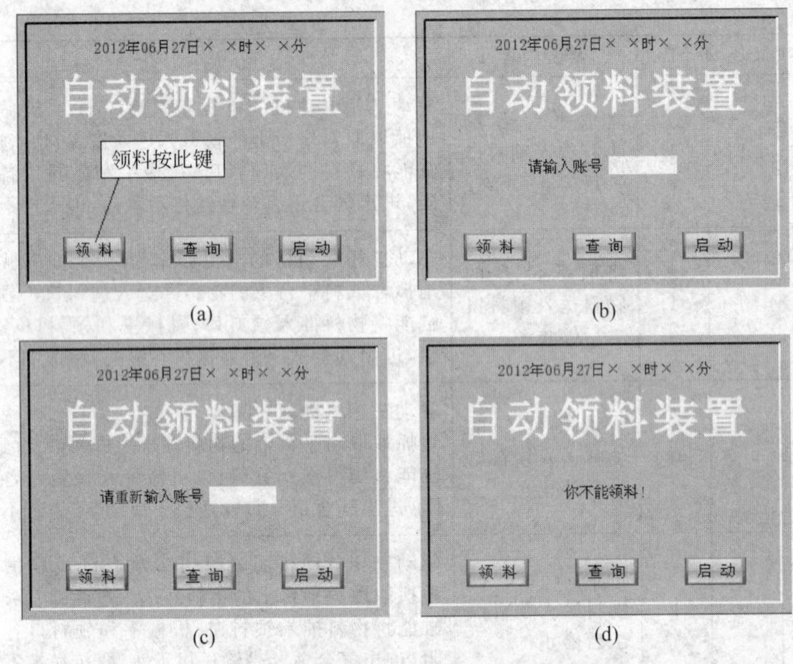

(a) (b) (c) (d)

图 D-2　触摸屏首页界面及输入领料账号操作

设定界面，如图 D-4(a)所示；若输入的密码不正确，则弹出“请重新输入密码”对话框，如图 D-3(b)所示，领料人需再次输入密码。若输入的密码还不正确，则弹出“你不能领料!”的提示，如图 D-2(d)所示。3s 后，自动返回到图 D-2(a)所示的界面。

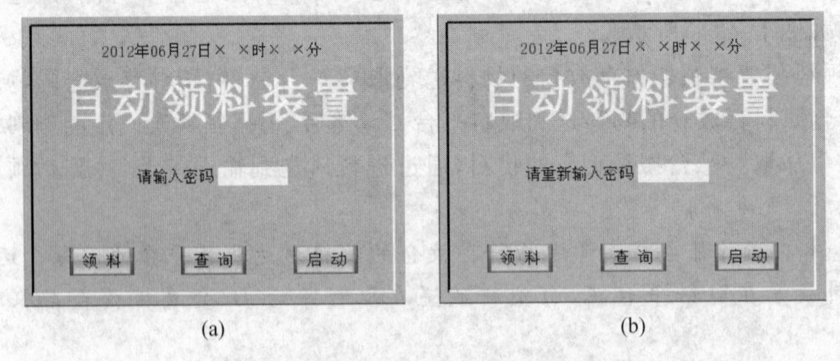

(a) (b)

图 D-3　触摸屏首页及输入领料密码操作

在本次工作任务中，领料人的账号范围及其对应的密码请按表 D-3 设置。

表 D-3　领料人的账号及对应密码

序号	账号	密码	序号	账号	密码
1	1201	01	4	1204	04
2	1202	02	5	1205	05
3	1203	03			

2. 领料品种和数量的设定

在首页界面输入领料人账号和正确的密码后，进入如图 D-4(a)所示的领料设定界面，进行领料品种、数量、出料顺序和领料口的设定。

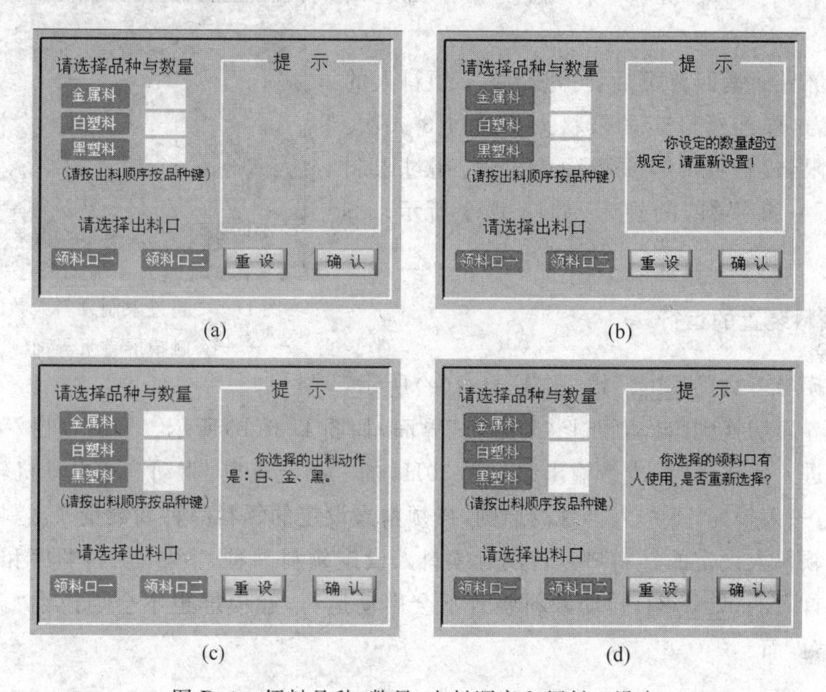

图 D-4　领料品种、数量、出料顺序和领料口设定

界面上的"金属料"、"白塑料"和"黑塑料"三个按键用于设定领料品种、数量和出料顺序。按下物料品种键，该键由原色(红色)变为黄色。在该键后面的输入框内输入领取的数量，确认后，该键由黄色变为蓝色，表示领取该瓶中的数量设置完成(如按"金属料"键，"金属料"键变为黄色后，在该键后面的输入框内输入"2"并确认，表示设定领取金属料 2 个，"金属料"键变为蓝色，设定金属料的领取数量完成)。设定一个品种的领取数量后，才可设定下一品种的领取数量。设定领取物料品种和数量的顺序，就是领料口的出料顺序(如先按"白塑料"键设定白塑料领取数量，再按"金属料"键设定金属料领取数量，最后按"黑塑料"键设定黑塑料领取数量，则领料口的出料顺序为白塑料、金属料、黑塑料)。

本次任务规定，每个账号每个品种的物料领取数量不超过 3 个，可一次领完，也可以两次领完。当设定一次领完的领取数量超过规定数量，或两次领完的总数超过规定数量时，提示栏出现"你设定的数量超过规定，请重新设置!"的提示，如图 D-4(b)所示。

三种物料领取的数量设定完成后，在"提示"栏中出现出料顺序的提示，如图 D-4(c)所示。此时，按界面上的"确认"键，表示完成领料品种、数量和出料顺序的设定。

未按"确认"键之前，可按"重设"键，对先前设定的领料品种、数量、出料顺序重新设定。只有在完成领料品种、数量和出料顺序的设定后，才可设定领取物料的领料口。

按“领料口一”键，再按“确认”键，表示选择领料口一；按“领料口二”，再按“确认”键，表示选择领料口二。若你选择的领料口已有人设定，提示栏出现“你选择的领料口有人使用，是否重新选择?”若按“确认”键，表示不另选择；若按另一个领料口键后再按“确认”键，表示重新选择。按“确认”键，3s 后，触摸屏界面返回首页。

触摸屏界面返回首页后，可进行下一领料人的领料设定，这样连续设定的领料人不超过 3 人次。若超过此限制，触摸屏首页界面应出现“超过限制人数，请下一批领料”的提示，如图 D-5 所示。3s 后，提示隐藏。

图 D-5　超过限制领料人数时的触摸屏首页界面

3. 领料装置的运行

按触摸屏首页的“启动”键，如图 D-6(a)所示，触摸屏的界面切换到“自动领料装置运行”界面，如图 D-6(b)所示。同时，机械手开始取料。物料进入传送带时，皮带输出频率为 30Hz 的三相交流电，驱动三相电动机转动。按先设先领，一人领完，下一人再领的原则，按领料人设定的领料品种和数量及出料顺序，将物料送到领料人设定的领料口。若没有领料人设定领料品种、数量、出料顺序和领料口，按触摸屏首页的“启动”键，自动领料装置不会启动运行，触摸屏也不会切换到“自动领料装置运行”界面。

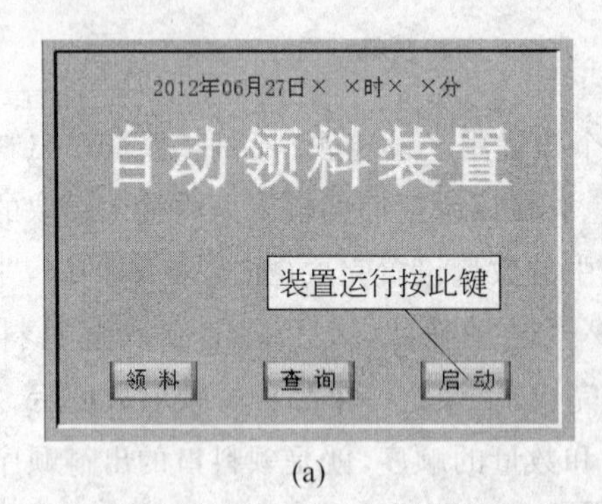

(a)

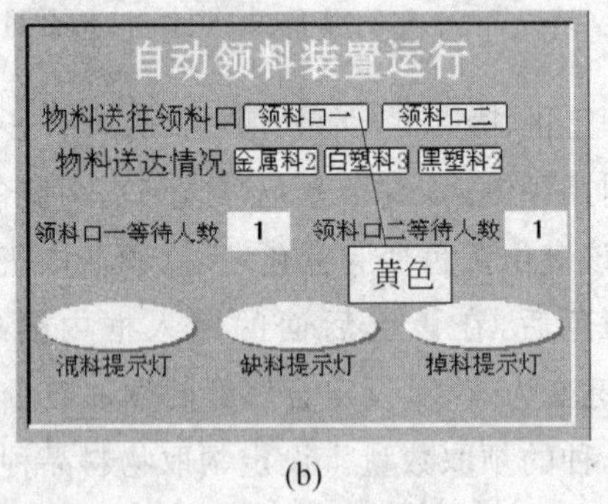

(b)

图 D-6　进入触摸屏“自动领料装置运行”界面

在“自动领料装置运行”界面上，不是当前领料的领料口框应为原来的白色，正在领料的领料口框则变色(变为黄色)，如图 D-6(b)所示。因为当前为领料口一送料，领料口一为正在领料的领料口，故领料口一框为变色(黄色)框。领料口等待人数是本次设置的领料人数减去已经领料的领料人数和当前领料人而剩下的人数，如图 D-6(b)所示。

在“自动领料装置运行”界面上，物料送达情况栏中，还没有送料的物料名称框应为原来的白色，当前正在送料的物料名称框应变色(变为蓝色)，已经完成送料的物料名称框也应变色(变为黄色)，没有送料的物料名称后的数字为领料人设定的领取数，完成送料的物料名称后的数字为送达领料口的物料领取数，正在送料的物料名称后的数字为已经送达领料口的物料数，如图 D-7(a)所示。

在运行过程中，出现取料平台混料、取料平台缺料或机械手送料过程中物料从手爪中脱落的情况，相应的“混料提示灯”、“缺料提示灯”、“掉料提示灯”变为红色，可根据界面显示的情况判断意外情况，如图 D-7(b)所示。

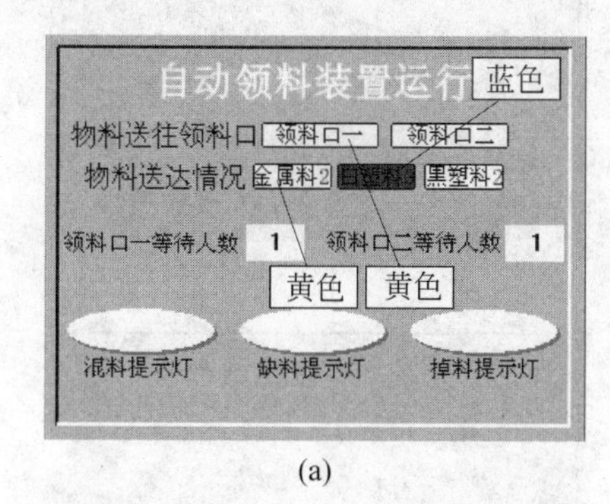

(a)

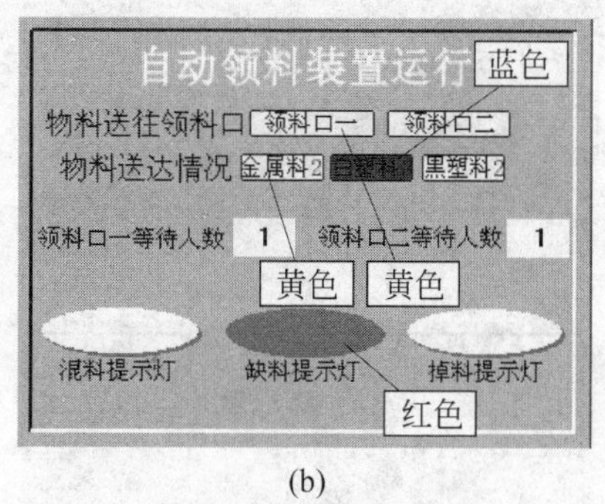

(b)

图 D-7　触摸屏“自动领料装置运行”界面显示内容及含义

4. 意外情况处理

(1) 混料：正常情况下，取料平台 A 的物料为黑塑料，取料平台 B 的物料为白色，取料平台 C 的物料为金属。若取料平台的物料品种与上述不同，称为混料。

出现混料时，蜂鸣器鸣叫，触摸屏“自动领料装置运行”界面的混料提示灯恢复原色。出现混料时，应将混入料送达正常情况该物料的取料平台。本次工作任务只考虑取料平台 A 混入了金属料或白塑料的情况。当取料平台 A 混入了金属料时，机械手应将其送到取料平台 C；当取料平台 A 混入白塑料时，机械手应将其送到取料平台 B。

(2) 缺料与掉料：在取料平台，机械手手爪没有抓到物料为缺料。缺料时，蜂鸣器鸣叫，触摸屏“自动领料装置运行”界面的缺料指示灯变为红色，机械手手爪张开，手臂缩回，3s 后重新下降抓到物料的同时，蜂鸣器停止鸣叫，触摸屏“自动领料装置运行”界面的缺料提示灯恢复原色。

机械手搬运物料过程中，物料从手爪中脱落称为掉料。掉料时，蜂鸣器鸣叫，触摸屏“自动领料装置运行”界面的掉料提示灯变为红色，机械手应回到原来取料平台取料。抓到物料的同时，蜂鸣器停止鸣叫，触摸屏“自动领料装置运行”界面的掉料提示灯恢复原色。

5. 领料情况查询

在自动领料装置无人领料的情况下，按触摸屏首页界面的“查询”键，如图 D-8(a)所示，弹出“请输入密码”对话框，如图 D-8(b)所示。查询人输入自己的密码(本次任务设置查询人的密码为 235)并确认。若输入的密码正确，界面切换到触摸屏的“领料记录”界面；若输入的密码不正确，则弹出“请重新输入密码”对话框，如图 D-8(c)所示。若密码还不正确,则弹出"你不能查询!"的提示,如图 D-8(d)所示,3s 后自动返回到图 D-8(a)所示的界面。

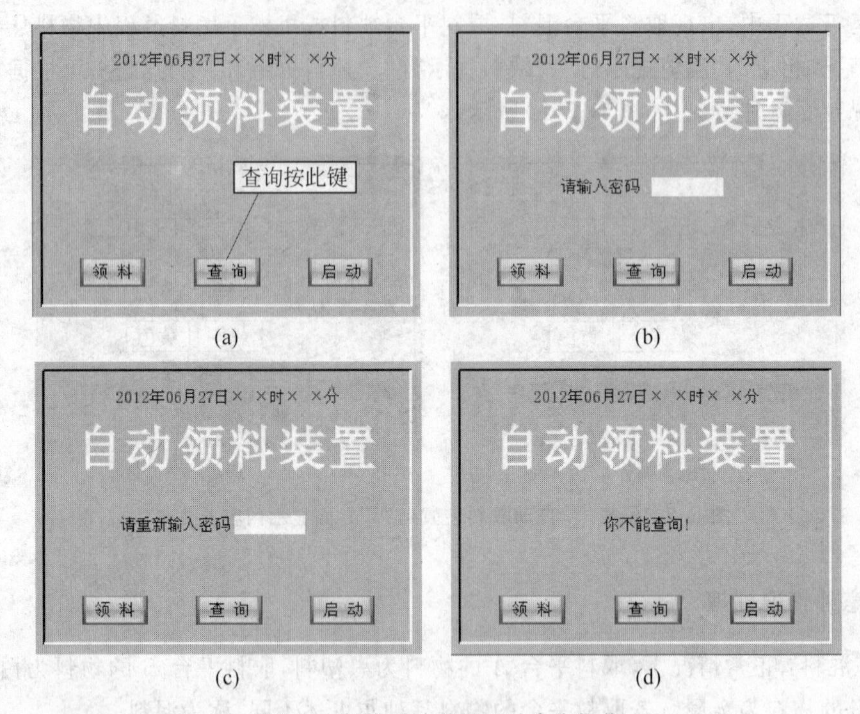

图 D-8 触摸屏首页界面及查询操作

进入触摸屏"领料记录"界面,可查询领料情况。触摸屏"领料记录"界面记录领料人的领料次数和每次领料的品种与数量,以及每次领料的时间。领料时间为最后一次物料送达领料口的时间,如图 D-9 所示。查询 20s 后,自动返回触摸屏首页界面。

领料记录

		1201	1202	1203	1204	1205
第一次	领取时间	12:43	–	–	–	–
	金属料数量	3	–	–	–	–
	白塑料数量	2	–	–	–	–
	黑塑料数量	1	–	–	–	–
第二次	领取时间	–	–	–	–	–
	金属料数量	–	–	–	–	–
	白塑料数量	–	–	–	–	–
	黑塑料数量	–	–	–	–	–

图 D-9 触摸屏"领料记录"界面

6. 自动装置停止运行

一批领料人领料完成后,装置自动停止,并清除领料设定,同时返回触摸屏首页界面,等待下一批领料人领料。为省电,触摸屏 30s 无人操作,进入屏幕保护。

没人领料或查询,可通过 SA_1 转换为调试模式,则领料记录自动清除。

请你填写自动领料装置组装与调试记录。

项目	记录内容
…	…
元器件选择	1. 选择型号为________的电感传感器安装在取料平台 A,用于检测在该位置是否混入了________。 2. 本装置选用了________变频器,型号为________。该变频器的额定输出功率是________kW,额定工作电压时________V。 3. 机械手悬臂气缸为________作用的气缸,控制该气缸动作的电磁阀是________。
部件安装与调试	1. 气源组件上压力表的量程时________,分装机工作时调节的压力为________。 2. 组装完成后,经测量,取料平台 B 上表面距安装台台面的高度为________mm。 3. 机械手手爪距工作台台面的安装尺寸是________mm。在整体调试后,机械手手爪距工作台台面的实际尺寸是________mm。 4. 领料口一光纤传感器探头激励传送带的高度为________mm,取料平台 A 的电感传感器与检测物料的距离为________mm。 5. 调整带输送机传送带的松紧后,带输送机主辊轴与副辊轴的距离为________mm。
触摸屏	1. 按下触摸屏分装机首页界面"启动"键,在启动________的同时,触摸屏界面将转换到________界面。在________情况下,按首页界面"启动"键无效。 2. 根据图 D-7(a)和图 D-7(b)的显示,自动领料装置正在将________料送到领料口________,此时在取料平台________出现缺料。 3. 对于触摸屏"自动领料装置运行"界面中的"缺料提示灯",应使用触摸屏元件库中的________来制作,用 PLC 中的________控制。
…	…

附页 D-1

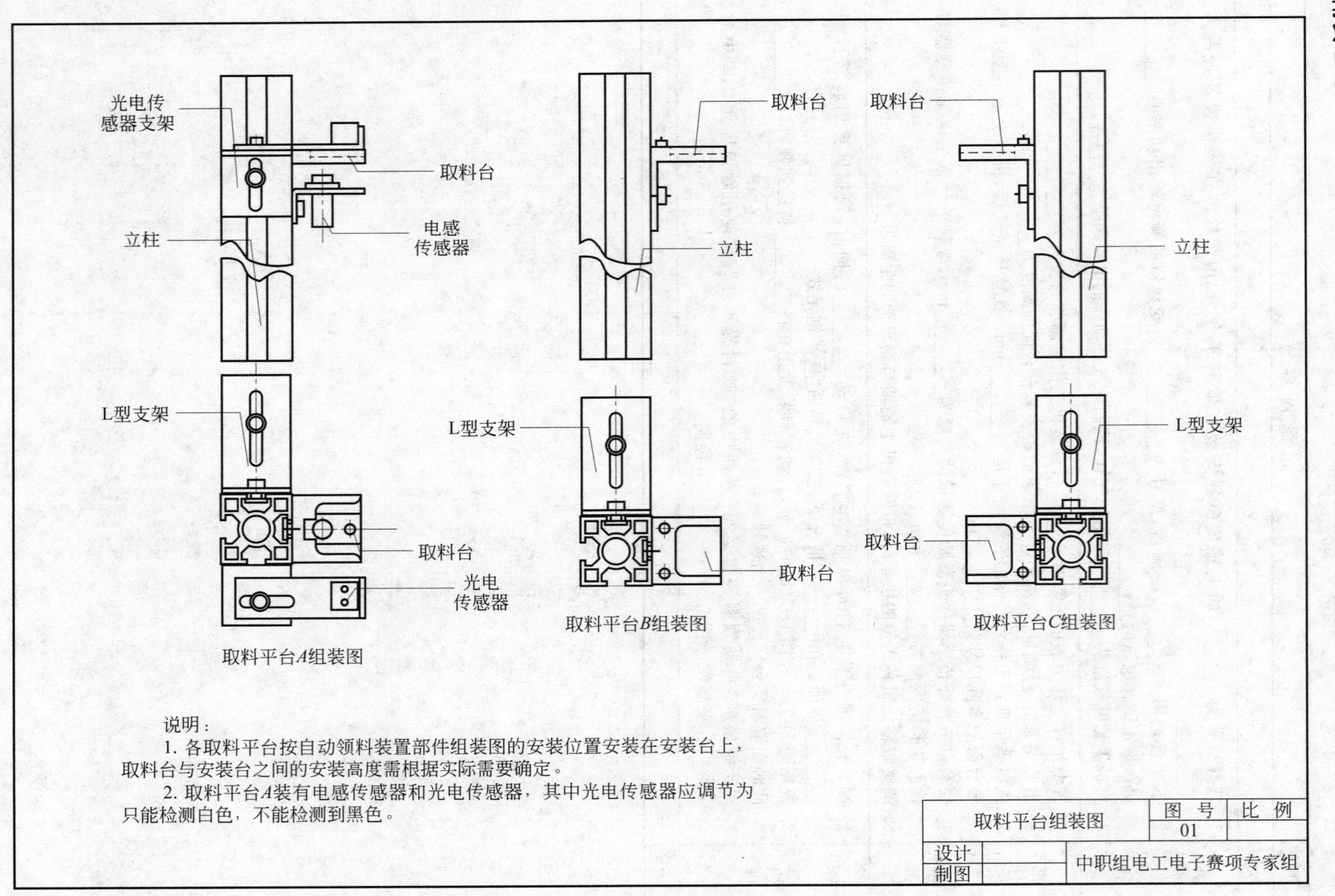
光电传感器支架
取料台
电感传感器
立柱
L型支架
取料台
光电传感器
取料平台A组装图
取料台
立柱
L型支架
取料台
取料平台B组装图
取料台
立柱
L型支架
取料台
取料平台C组装图
说明：
1. 各取料平台按自动领料装置部件组装图的安装位置安装在安装台上，取料台与安装台之间的安装高度需根据实际需要确定。
2. 取料平台A装有电感传感器和光电传感器，其中光电传感器应调节为只能检测白色，不能检测到黑色。
取料平台组装图
图号
01
比例
设计
制图
中职组电工电子赛项专家组

附页 D-2

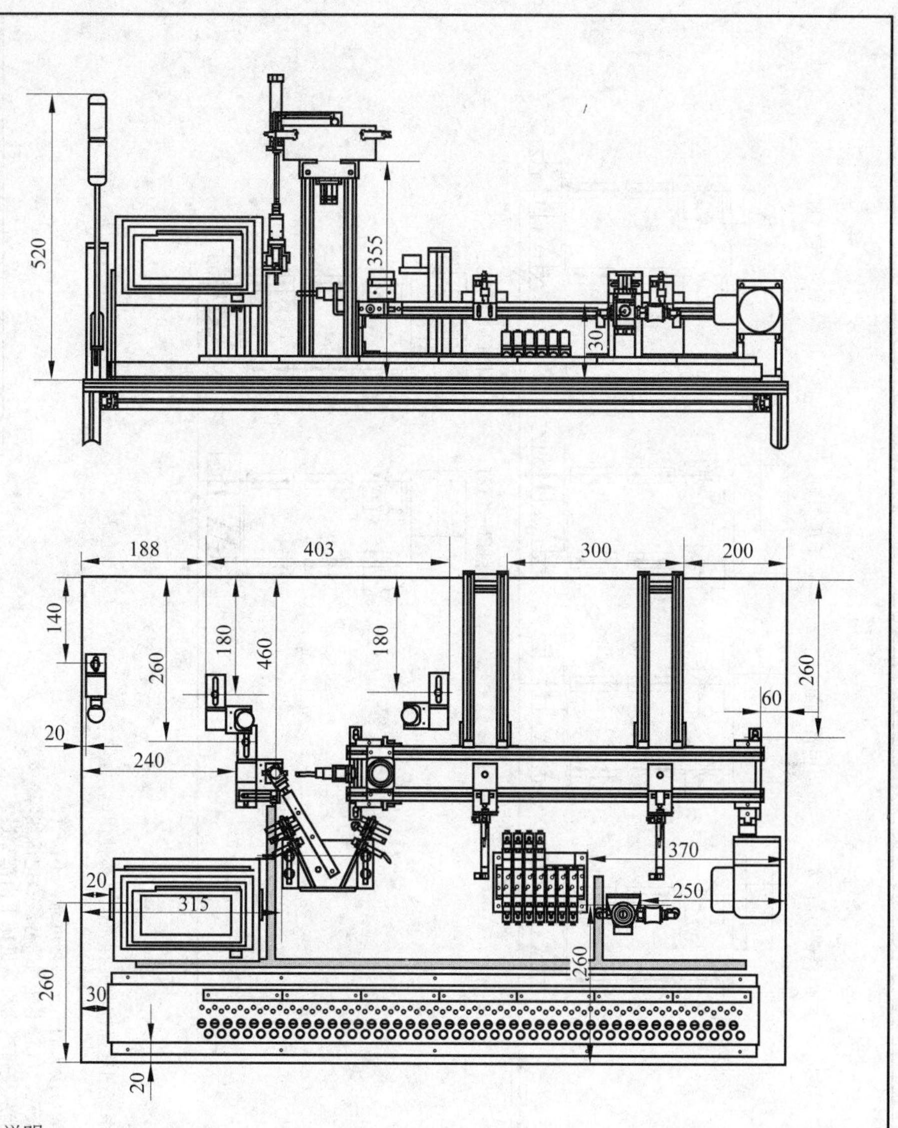

说明：

1. 安装尺寸以组装台左右两端为基准时，端面不包括封口的硬塑盖，所有实际安装尺寸与标注的尺寸误差不大于±1mm，所有支架及部件的安装要求牢固可靠，凡是你安装的固定螺栓必须垫有垫片。

2. 带输送机的水平度按支架到安装台的安装高度检测，四个支撑脚处的安装高度与标称尺寸的差不大于0.5mm。三相交流异步电动机转轴与带输送机主辊筒轴之间的联轴器同心度不能有明显偏差，带输送机主辊筒轴与副辊筒轴应平行，不能出现传送带与支架产生摩擦的情况。

3. 取料平台与机械手的安装尺寸是参考尺寸，请根据工作的实际情况要求进行调整，必须确保机械手能准确抓取物料。传感器的灵敏度请根据实际生产要求进行调整。

自动领料装置部件组装图		图　号	比　例
		02	
设计		中职组电工电子赛项专家组	
制图			

附页 D-3

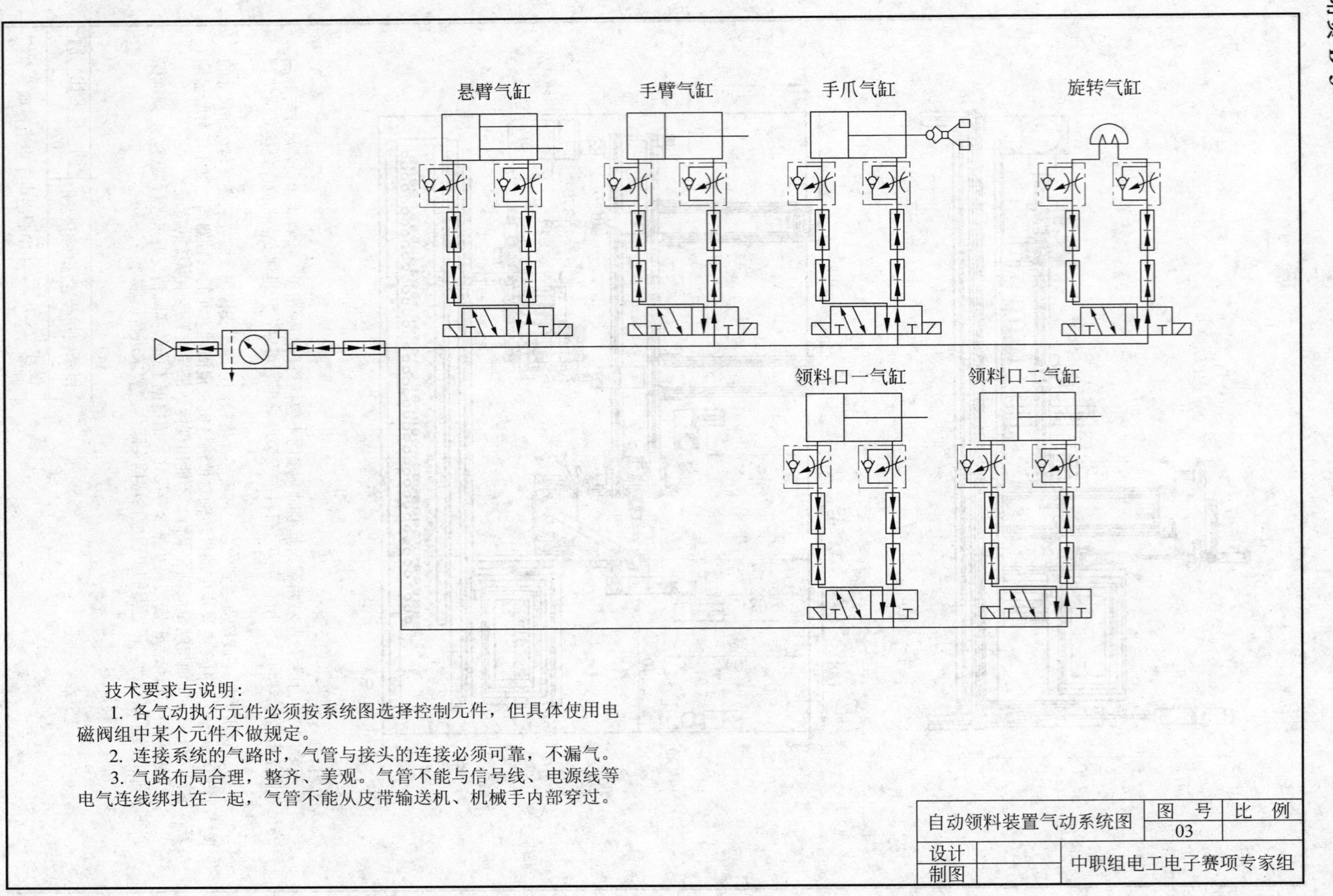
悬臂气缸
手臂气缸
手爪气缸
旋转气缸
领料口一气缸
领料口二气缸
技术要求与说明：
1. 各气动执行元件必须按系统图选择控制元件，但具体使用电磁阀组中某个元件不做规定。
2. 连接系统的气路时，气管与接头的连接必须可靠，不漏气。
3. 气路布局合理，整齐、美观。气管不能与信号线、电源线等电气连线绑扎在一起，气管不能从皮带输送机、机械手内部穿过。
自动领料装置气动系统图
图号
03
比例
设计
制图
中职组电工电子赛项专家组

附页 D-4

自动领料装置电气原理图	图号	比例
	04	
设计		中职组电工电子赛项专家组
制图		

参考文献

[1] 乐为.机电设备装调与维护技术基础[M]. 北京：机械工业出版社,2010.

[2] 王金娟，周建清. 机电设备组装与调试技能训练[M]. 北京：机械工业出版社,2010.

[3] 王洪机.电设备系统安装与调试[M]. 北京：科学出版社,2010.

[4] 马光全.机电设备装配安装与维修[M]. 北京：北京大学出版社,2008.

[5] 吴先文.机电设备维修技术[M]. 北京：机械工业出版社，2011.

[6] 朱仁盛.机械拆装工艺与技术训练[M]. 北京：电子工业出版社,2009.